电力从业人员岗位技术培训教材

无功补偿设备

国网天津市电力公司 编

中国水利水电出版社
www.waterpub.com.cn
·北京·

内 容 提 要

本教材第一章为无功补偿技术综述，简单分析描述了无功补偿的基本概念、定义、术语等，介绍了无功补偿相关的标准和技术原则。第二章为无功补偿设备分类及原理，简单介绍了无功补偿设备的分类，重点描述了各类无功补偿设备的特点及适用场景。第三章为无功补偿设备控制技术，分类别描述了无功补偿设备的系统级、装置级和器件级控制策略。第四章为无功补偿设备运行维护，按类别分别论述了各种无功补偿设备的运行管理。第五章为无功补偿设备检修，按类别分别论述了各种无功补偿设备的检修管理。第六章为无功补偿设备应用案例，以案例形式列举了各类无功补偿设备的典型应用情况。

本教材面向一线电力员工、大工业用户变电站工作人员和无功补偿相关从业人员等。

图书在版编目（C I P）数据

无功补偿设备 / 国网天津市电力公司编. -- 北京：
中国水利水电出版社，2020.4
电力从业人员管理技术培训教材
ISBN 978-7-5170-8274-3

Ⅰ. ①无… Ⅱ. ①国… Ⅲ. ①无功补偿－补偿装置－
技术培训－教材 Ⅳ. ①TM714.3

中国版本图书馆CIP数据核字(2019)第280736号

书　　名	电力从业人员管理技术培训教材 **无功补偿设备** WUGONG BUCHANG SHEBEI
作　　者	国网天津市电力公司　编
出版发行	中国水利水电出版社 （北京市海淀区玉渊潭南路1号D座　100038） 网址：www.waterpub.com.cn E-mail：sales@waterpub.com.cn 电话：(010) 68367658（营销中心）
经　　售	北京科水图书销售中心（零售） 电话：(010) 88383994、63202643、68545874 全国各地新华书店和相关出版物销售网点
排　　版	中国水利水电出版社微机排版中心
印　　刷	清淞永业（天津）印刷有限公司
规　　格	184mm×260mm　16开本　9.75印张　225千字
版　　次	2020年4月第1版　2020年4月第1次印刷
印　　数	0001—1500册
定　　价	**48.00元**

凡购买我社图书，如有缺页、倒页、脱页的，本社营销中心负责调换

本书编委会

前言

伴随着现代化建设的快速推进和工业规模的快速增长，我国对电力的需求与日俱增。为此，近些年我国电力建设规模上成倍增长，尤其是特高压交直流输电网络的大规模建设，使我国的电力网架更加合理，为西部的电源中心和东部的负荷中心搭建了桥梁。电源和电网的大规模扩张，极大地有利于电网的频率稳定，但由于大电网的复杂性和负荷的不确定性，电压稳定性成了越来越突出的问题，而电压稳定性的关键就是无功功率的平衡问题。目前，我国总发电装机容量已达 8 亿 kW 以上，容性无功装机容量已达 4 亿 kvar 以上，其中以并联电容器装置和并联电抗器为主，静止无功补偿器（static var compensator，SVC）、静止无功发生器（static var generator，SVG）等动态无功补偿装置为辅。这些无功补偿设备为电力系统稳定安全运行、改善电能质量、降低电能损耗、增加输配电能力等发挥了必不可少的作用。

电网中运行的无功补偿设备按照产权归属划分，可以分为发电端无功补偿设备、电网侧无功补偿设备和用户侧无功补偿设备三种。其中，发电端无功补偿设备主要包括同步发电机、同步调相机、发电厂集中无功补偿装置（包括电容器组、SVC、SVG 等）；电网侧无功补偿设备主要指变电站的集中式无功补偿装置（主要为电抗器和电容器组）和线路无功补偿装置（包括线路串联电抗器和串联电容器等）；用户侧无功补偿设备相对分散，主要是大工业用户自备的无功补偿设备和滤波设备，包括滤波器组、SVC 和 SVG 等。所有这些无功补偿设备，为整个电力消费流程的电压稳定性提供了有力支撑，其中电网无功补偿设备和部分发电端无功补偿设备具有容量大、可调度、可规划、可协调控制等优点，成为无功支撑的主力。为了使电网中的无功补偿设备发挥最好的效果，要求电网公司规划、调度、运维、检修等各个专业都要了解无功补偿设备相关知识。

同时，为全面践行国家电网公司"以人为本"的理念，加强从业人员职业素质培养，提升从业人员长远发展的专业性和职业性，提高从业人员对无功补偿设备相关知识的认识和理解，有必要编制一本系统的、面向一线电力员工和相关无功补偿从业人员的培训教材。国网天津市电力公司依托多年的无功补偿研究和管理经验，结合相关理论和实际工作，组织相关人员编制了本教材。本教材立足指导生产一线技术、技能工作，涵盖电网内在运行的主要无功补偿设备，编写过程中充分考虑了理论知识和实际工作的融合，对无功补偿设备的理论、标准、分类和特点等按照各个业务方向的实际需求进行了提炼总结，从结构原理、参数特性、作用说明、操作规范、调度运行、运维检修要求、典型缺陷故障等多维度描述，能使读者较快地进入这一领域，对无功补偿设备有一个全面的了解。

本教材第一章为无功补偿技术综述，简单分析描述了无功补偿的基本概念、定义、术语等，介绍了无功补偿相关的标准和技术原则。第二章为无功补偿设备分类及原理，简单介绍了无功补偿设备的分类，重点描述了各类无功补偿设备的特点及适用场景。第三章为无功补偿设备控制技术，分类别描述了无功补偿设备的系统级、装置级和器件级控制策略。第四章为无功补偿设备运行维护，按类别分别论述了各种无功补偿设备的运行管理。第五章为无功补偿设备检修，按类别分别论述了各种无功补偿设备的检修管理。第六章为无功补偿设备应用案例，以案例形式列举了各类无功补偿设备的典型应用情况。

作者

2019 年 12 月

目录

CONTENTS

无功补偿技术综述

无功补偿，全称无功功率补偿，是一种在电力供电系统中提高电网功率因数，降低供电变压器及输送线路损耗，提高供电效率，改善供电环境的技术。因此，无功功率补偿装置是电力系统中不可缺少的设备。

本章的目的是为读者建立无功功率补偿设备相关的知识架构，协助读者进一步深入了解无功补偿设备。

本章将简要论述无功功率的定义、无功补偿的定义及基本原理、无功补偿相关标准、无功补偿相关技术原则，并罗列出目前电网内在运行的无功补偿设备。

第一节 概　　述

无功补偿的基础是对无功功率的理解，本节主要介绍有功功率、无功功率、功率因数的定义和进行无功补偿的意义。

一、有功功率和无功功率

电力工程中常用的电流、电压、电势等均按正弦波规律变化，即它们都是时间的正弦函数。以电压 u 为例，其表达式为

$$u = U_m \sin(\omega t + \varphi) \tag{1-1}$$

$$\omega = 2\pi f$$

式中　u——电压瞬时值；

　　　U_m——电压最大值；

　　　ω——角频率，表示电压每秒变化的弧度；

　　　f——电网频率，为每秒变化的周数，我国电网 $f=50\text{Hz}$，国外有 50Hz 和 60Hz；

　　　t——时间；

　　　φ——相角。

当 $t=0$ 时，相角 φ 被称为初相角，若选择正弦电压通过零点作为时间起点，则 $\varphi = 0$，则有

$$u = U_m \sin\omega t \tag{1-2}$$

如果将此电压加于电阻 R 两端，按照欧姆定律，通过电阻的电流 i 为

$$i=\frac{u}{R}=\frac{U_{\mathrm{m}}}{R}\sin\omega t=I_{\mathrm{m}}\sin\omega t \tag{1-3}$$

由式（1-3）可见，电阻上的电压 u 和电流 i 同相位，电压和电流同时达到最大值和零，电阻电路中的功率可以表示为

$$P=UI(1-\cos2\omega t) \tag{1-4}$$

式中　U——电压有效值；

　　　I——电流有效值。

由于电压和电流的方向始终相同，故功率始终为正值，电阻电路始终吸收功率，转换为热能或光能等被消耗掉。

当正弦电流通过电感时，电感两端的电压为

$$u_{\mathrm{L}}=L\frac{\mathrm{d}i}{\mathrm{d}t}=\omega LI_{\mathrm{m}}\cos\omega t=\overline{U}_{\mathrm{m}}\sin\left(\omega t+\frac{\pi}{2}\right) \tag{1-5}$$

$$\overline{U}_{\mathrm{m}}=\omega LI_{\mathrm{m}}$$

可见电感两端的电压 u_{L} 和电流 i 都是频率相同的正弦量，其电压相位超前于电流 $\frac{\pi}{2}$ 或 $90°$，即电压达最大值时电流为零，电感的功率为

$$\begin{aligned}P_{\mathrm{L}}&=u_{\mathrm{L}}i=U_{\mathrm{m}}I_{\mathrm{m}}\sin\omega t\cdot\left(\omega t+\frac{\pi}{2}\right)\\&=U_{\mathrm{m}}I_{\mathrm{m}}\sin\omega t\cdot\cos\omega t=UI\sin2\omega t\end{aligned} \tag{1-6}$$

P_{L} 也是时间的正弦函数，但频率为电流频率的两倍，电感中电流、电压和功率的变化如图 1-1 所示。由图 1-1 可见，在第一个和第三个 1/4 周期内电感吸收功率 $P_{\mathrm{L}}>0$，并把吸收的能量转化为磁场能量，但在第二个和第四个 1/4 周期内电感释放功率 $P_{\mathrm{L}}<0$，磁场能量全部放出。磁场能量和电源能量的转换反复进行，电感的平均功率为零，不消耗功率。

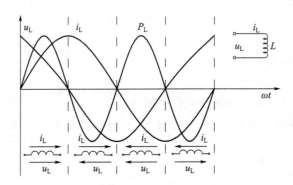

图 1-1　电感中电流、电压和功率的变化

把正弦电压 $u=\overline{U}_{\mathrm{m}}\sin\omega t$ 接在电容 C 的两端，流过电容 C 中的电流为

$$i_{\mathrm{C}}=C\frac{\mathrm{d}u}{\mathrm{d}t}=\omega C\overline{U}_{\mathrm{m}}\cos\omega t=I_{\mathrm{m}}\sin\left(\omega t+\frac{\pi}{2}\right) \tag{1-7}$$

电容电流 i_C 和电压 u 为频率相同的正弦量，电流最大值 $I_n = \omega C \overline{U}_m$，电流相位超前电压 $\frac{\pi}{2}$ 或 $90°$，即电压滞后于电流 $\frac{\pi}{2}$，电容的功率为

$$P_C = \overline{U}I\sin 2\omega t \tag{1-8}$$

可见功率也是时间的正弦函数，其频率为电压频率的两倍，为与图 1-1 进行比较，取 i_C 起始相位为零，电压滞后于电流 $\frac{\pi}{2}$。电容中电流、电压和功率的变化如图 1-2 所示。由图 1-2 可见，P_C 在一周期内交变两次，第一个和第三个 1/4 周期内，电容放电释放功率 $P_C < 0$，储存在电场中的能量全部送回电源，在第二个和第四个 1/4 周期内，电容充电吸收功率 $P_C > 0$，把能量储存在电场中，在一个周期内，平均功率为零，电容也不消耗功率。

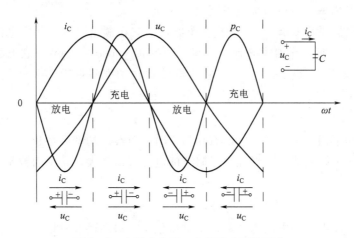

图 1-2　电容中电流、电压和功率的变化

交流电力系统需要两部分能量：一部分电能用于做功被消耗，它们转化为热能、光能、机械能或化学能等，称为有功功率；另一部分能量用来建立磁场，作为交换能量使用，对外部电路并未做功，它们由电能转换为磁场能，再由磁场能转换为电能，周而复始，并未消耗，这部分能量称为无功功率。无功功率并不是无用之功，没有这部分功率，就不能建立感应磁场，电动机、变压器等设备就不能运行。除负荷需要无功外，线路电感、变压器电感等也需要。在电力系统中，无功电源有同步发电机、同步调相机、电容器、电缆及架空线路电容、静止补偿装置等，而主要无功负荷有变压器、输电线路、异步电动机、并联电抗器。

设负荷视在功率为 S，有功功率为 P，无功功率为 Q，电压有效值为 U，电流有效值为 I，则功率三角形如图 1-3 所示。

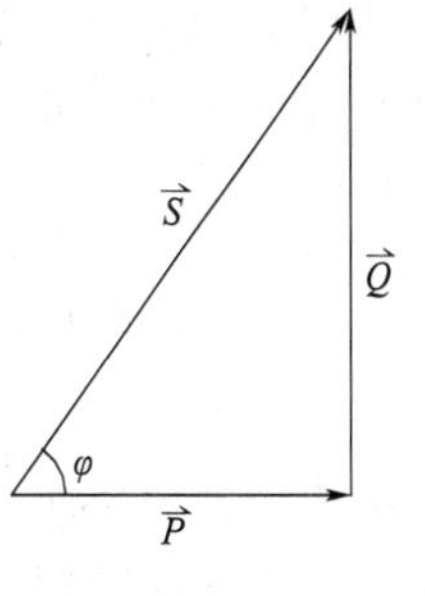

其中

$$P = UI\cos\varphi$$
$$Q = UI\sin\varphi$$

图 1-3　功率三角形

$$S=UI \hspace{6cm} (1-9)$$

有功功率常用单位为 W 或 kW，无功功率为 var 或 kvar，视在功率为 VA 或 kVA，相位角 φ 为有功功率与视在功率的夹角，称为力率角或功率因数角，$\cos\varphi$ 表示有功功率 P 和视在功率 S 的比值，称为力率或功率因数。

在感性电路中，电流落后于电压，$\varphi>0$，Q 为正值，而在容性电路中，电流超前于电压，$\varphi<0$，Q 为负值。

二、无功补偿的意义

1. 充分利用电网设备，减少电网设备投资的浪费

由功率三角形可以看出，在一定的有功功率下，当用电企业 $\cos\varphi$ 越小，其视在功率也越大，为满足用电需要，供电线路和变压器的容量也越大，这样不仅增加供电投资，降低设备利用率，也将增加线路网损。

例如：一台容量为 60kVA 的单相变压器，设它在额定电压、额定电流下运行，在负载功率因数为 1 时，它传输的有功功率为 $P=60\times\cos\varphi=60$kW，它的容量得到充分利用，负载功率因数 $\cos\varphi=0.8$ 时，它传输的有功功率降低为 48kW，容量的利用较差，$\cos\varphi$ 越小，容量利用越不充分。

2. 降低线损率

在一定电压下向负载输送一定的有功功率时，负载的功率因数越低，通过输电线的电流越大，导线电阻的能量损耗和导线阻抗的电压降落越大，功率因数是电力经济中的一个重要指标。

3. 提升电力系统电压稳定性

稳定受电端及电网的电压影响，保持电压稳定可提高供电质量。在长距离输电线中合适的地点设置动态无功补偿装置还可以改善输电系统的稳定性，提高输电能力。

《全国供用电规则》规定：在电网高峰负荷时，用户的功率因数应达到的标准：高压用电的工业用户和高压用电装着带负荷调整电压装置的电力用户，功率因数为 0.9 以上；其他 100kVA 及以上的电力用户和大中型电力排灌站，功率因数为 0.85 以上；农业用电功率因数为 0.80 以上。凡功率因数达不到上述规定的用户，供电部门会在其用户使用电费基础上按一定比例对其进行罚款（力率电费），要提高企业的用电功率因数，必须进行无功补偿，并做到随其负荷和电压的变动及时投入或切除，防止无功电力倒送。

三、无功补偿基本原理

无功补偿是指采用接入无功补偿装置的办法，让无功负荷与无功补偿装置之间进行无功功率交换，而不再与电源进行无功功率交换。即把具有容性功率负荷的装置与感性功率负荷并联接在同一电路，当容性负荷释放能量时，感性负荷吸收能量；而感性负荷释放能量时，容性负荷吸收能量。能量在两种负荷之间交换。这样感性负荷所需要的无功功率可从容性负荷输出的无功功率中得到补偿，这就是无功功率补偿的基本原理。

第二节　无功补偿相关标准

一、主要的无功补偿装置相关标准

无功补偿设备相关标准涉及无功相关标准、电磁兼容相关标准、电能质量相关标准及无功补偿设备相关标准。由于无功补偿设备应用的广泛性，关于无功补偿和无功补偿设备的行业标准也非常多，篇幅所限，本文只介绍几种主要的无功补偿装置相关标准，见表1-1。

表1-1　　　　　　　　　　　　主要的无功补偿装置相关标准

标准编号和名称	适用范围	主要内容
《并联电容器装置设计规程》（GB 50227—2017）	适用于220kV及以下变电所、配电所中无功补偿用三相交流高压、低压并联电容器装置的新建、扩建工程设计	SVC接入电网基本要求，电气接线要求、电器和导体的选择要求，保护装置和投切装置、控制回路、信号回路和测量仪表布置和安装设计要求，防火和通风要求等，重点放在高压并联电容器装置方面
《330kV～500kV变电所无功补偿装置设计技术规定》（DL/T 5014—2010）	适用于330kV、500kV变电所内的330kV、500kV并联电抗器装置、10～63kV并联电抗器和并联电容器装置等新建工程；扩建、改建工程可参照执行；不适用于调相机	330kV、500kV变电所与无功补偿设计技术相关的系统要求、接线要求、电器和导体的选择要求、安装与布置要求、二次接线及继电保护和自动投切要求、防火及采暖通风要求，并给出了有关参数
《高压并联电容器装置》（JB/T 7111—1993）	适用于频率50Hz或60Hz，额定电压1kV以上的三相交流电力系统中的并联电容器装置	术语、产品分类、技术要求、试验方法、检验、包装、贮存和运输等
《低压成套无功功率补偿装置》（JB/T 15576—2008）	适用于额定交流电压不超过1000V，频率不超过1000Hz的低压成套无功功率补偿装置	产品分类、设备使用条件、技术要求、检验规则等
《静止无功补偿装置（SVC）功能特性》（GB/T 20298—2006）	适用于中压（1～35kV）及以上输配电系统及工业环境中的SVC	SVC系统的功能特性、主设备、试验、系统研究内容等要求
《静止无功补偿装置（SVC）现场试验》（GB/T 20297—2006）	适用于中压（1～35kV）及以上输配电系统及工业环境中的SVC	SVC在正式交付用户之前所进行的设备试验、子系统试验、系统的交接试运行试验、系统的验收试验等现场试验导则，不包括系统组成部分的工厂试验及仿真试验
《高压静止无功补偿装置　第1部分　系统设计》（DL/T 1010.1—2006）	适用于6kV及以上电力系统，其中晶闸管控制支路可直接挂接于6kV～66（63）kV系统	SVC主要类型及接线方式；输电系统、配电系统及工业用户的SVC主要功能；SVC主要参数特性；SVC设计的基本条件；SVC系统设计目标、设计内容、系统的研究内容、设备布置要求；利用率和可靠性指标；SVC耗损评估；对SVC部件及子系统的基本要求等

标准编号和名称	适用范围	主要内容
《高压静止无功补偿装置 第2部分 晶闸管阀的试验》（DL/T 1010.2—2006）	适用于 6kV 及以上电力系统，其中晶闸管控制支路可直接挂接于 6～66（63）kV 系统	6～66（63）kV 电压等级的 SVC 晶闸管阀试验。本部分内容涉及晶闸管阀的高压部分、晶闸管级和它的均压吸收电路、触发用电源和晶闸管阀控制及保护等有关部分
《高压静止无功补偿装置 第3部分 控制系统》（DL/T 1010.3—2006）	适用于 6kV 及以上电力系统，其中晶闸管控制支路可直接挂接于 6～66（63）kV 系统	SVC 控制系统设计原则；系统的调节、监控、闭合和触发系统通用技术条件、基本功能和性能要求；系统的试验方法和检验规则等
《高压静止无功补偿装置 第4部分 现场试验》（DL/T 1010.4—2006）	适用于 6kV 及以上电力系统，其中晶闸管控制支路可直接挂接于 6～66（63）kV 系统	SVC 以及与之相配套的各种辅助设备在现场安装中和安装后的试验和验收导则，包括常规、现场交接、验收和带电运行等试验项目和内容。分为设备及子系统试验、系统调试试验和验收试验三部分

二、简要说明

（1）GB 50227—2017 是原建设部负责组织制定的 GB 50000 系列标准之一，是我国工程设计施工必须执行的法规。GB 50000 系列的其他设计规范中，也不同程度地涉及了无功补偿的相应要求，例如：《供配电系统设计规范》（GB 50052—2009）、《20kV 及以下变电所设计规范》（GB 50053—2013）、《35～110kV 变电所设计规范》（GB 50059—2011）等。

（2）DL/T 5014—2010 全面规定了高压无功补偿相关的要求，既有传统的又有现代的、既有静态的又有动态的、既有运动的又有静止的、既有有源的又有无源的无功补偿装置设计要求。

（3）SVC 的标准包括 GB/T 20298—2006 和 GB/T 20297—2006 等，它们分别参考了美国标准《IEEE 静止无功补偿装置的功能特性导则》（IEEE Std 1031—2000）和《IEEE 静止无功补偿装置的现场试验导则》（IEEE Std 1303—2011）而制定。两项标准相辅相成，构成了 SVC 系统从设计到试验验收过程中所需遵循的基本指导原则，为 SVC 的工程设计人员、安装和供应商及用户提供了相应的技术支持，以帮助他们较方便地针对具体工程，把握好工程各个环节的相应技术要求。

（4）《高压静止无功补偿装置》（DL/T 1010—2006）系列标准共 5 部分，其中第 1 部分的制定参考了美国标准 IEEE Std 1031—2011；第 2 部分的制定参考了《输电和配电系统用电力电子设备 静态无功功率补偿器用晶闸管阀的试验》（IEC 61954—2011）。

关于其他几项标准，多属于产品技术标准，对无功补偿装置的选择和应用具有一定指导作用，限于篇幅，本节不做介绍。

三、我国无功补偿装置标准化现状

无功补偿技术和无功补偿装置的类型随着工业和科学技术的发展而不断地发展和完善，国家标准和行业标准相互结合，能基本满足我国当前无功补偿技术和装置的设计和工业化需求。现有标准中，既有描述装置整体功能特性和技术要求的标准，又有装置的试验验收标准；既有工业产品技术的标准，又有工程设计规范的标准；既有利用简单人工或机械投切方式，采用并联电容器或并联电抗器进行固定补偿或吸收无功功率的传统标准，又有采用高新技术进行动态补偿的现代标准；既有高压标准又有低压标准；既有针对整个供电系统的标准，又有针对配电系统末端与电动机并联使用的就地补偿标准。

但无功补偿标准的制定缺少总体规划，标准归口分散，标准部分内容重复、不协调，甚至还没有统一的专业术语标准。因此标准化主管部门应当组织分析研究国内外无功补偿装置标准化现状和发展趋势，协调现行标准的归口和制定单位，考虑建立该专业技术领域的统一标准体系，制定标准制、修订工作的规划，有计划地组织标准的前期调研和后期制修订工作，以适应无功补偿专业技术的发展。

第三节　无功补偿配置技术原则

在电力系统中，无功补偿配置需要遵循统一的原则，在《电力系统无功补偿配置技术原则》（Q/GDW 212—2008）中给出了详细的规定。需要注意的是，该技术原则上适用于国家电网公司所属的各级电网企业、并网运行的发电企业、电力用户以及各级电力设计单位。

一、无功补偿配置的基本原则

Q/GDW 212—2008 的第 4 部分描述了适用于电网内所有单位的无功补偿配置的基本原则，属于通用的指导性原则。

其中，Q/GDW 212—2008 4.1 中规定电力系统配置的无功补偿装置应在系统有功负荷高峰和负荷低谷运行方式下，保证分（电压）层和分（供电）区的无功平衡。实施分散就地补偿与变电站集中补偿相结合、电网补偿与用户补偿相结合、高压补偿与低压补偿相结合，满足电网安全、经济运行的需要。

Q/GDW 212—2008 4.2 条、4.3 条中规定各级电网应避免通过输电线路远距离输送无功电力，受端系统应有足够的无功电力备用。330kV 及以上电压等级系统与下一级系统之间不应有较大的无功电力交换。330kV 及以上电压等级输电线路的充电功率应按照就地补偿的原则采用高、低压并联电抗器基本予以补偿。

Q/GDW 212—2008 4.4 条中规定各电压等级的变电站应结合电网规划和电源建设，经过计算分析，配置适当规模、类型的无功补偿装置；配置的无功补偿装置应不引起系统谐波明显放大，并应避免大量的无功电力穿越变压器。35～220kV 变电站所配置的无功补偿装置，在主变最大负荷时其高压侧功率因数应不低于 0.95，在低谷负荷时功率因数不应高于 0.95，不低于 0.92。

7

Q/GDW 212—2008 4.5 条中规定各电压等级变电站无功补偿装置的分组容量选择，应根据计算确定，最大单组无功补偿装置投切引起所在母线电压的变化不宜超过电压额定值的 2.5%。

Q/GDW 212—2008 4.6 条中规定对于大量采用 10～220kV 电缆线路的城市电网，应在相关变电站分散配置适当容量的感性无功补偿装置。

Q/GDW 212—2008 4.7 条、4.8 条规定了无功补偿装置的控制方式和无功电量的采集和计量方式。

Q/GDW 212—2008 4.9～4.11 条对接入电网的发电厂无功补偿配置情况作出了规定。规定并入电网的发电机组应具备满负荷时功率因数在 0.85（滞相）～0.97（进相）运行的能力，新建机组应满足进相 0.95 的运行能力。发电机自带厂用电时，进相能力应不低于 0.97；规定接入 220～750kV 电压等级的发电厂，在电厂侧可以考虑安装一定容量的并联电抗器；规定风电场应配置足够的无功补偿装置。

Q/GDW 212—2008 4.12 条规定电力用户应根据其负荷性质采用适当的无功补偿方式和容量，在任何情况下，不应向电网倒送无功电力，保证在电网负荷高峰时不从电网吸收大量无功电力，同时保证电能质量满足相关技术标准要求。

Q/GDW 212—2008 4.13 条规定了无功补偿装置的额定电压应与变压器对应侧的额定电压相匹配。选择电容器的额定电压时应考虑串联电抗率的影响。

二、各级变电站的无功补偿配置

Q/GDW 212—2008 的第 5～8 部分分别规定了不同电压等级变电站各自需要满足的无功补偿配置要求。

（1）第 5 部分规定了 330kV 及以上电压等级变电站的无功补偿配置原则。规定容性无功补偿容量应按照主变压器容量的 10%～20% 配置；规定了局部地区 330kV 及以上电压等级短线路较多时，应在适当地点装设母线高压并联电抗器，进行无功补偿，以无功补偿为主的母线高压并联电抗器应装设断路器；规定了 330kV 及以上电压等级变电站安装有两台及以上变压器时，每台变压器配置的无功补偿容量宜基本一致；规定了 330kV 及以上电压等级变电站内配置的电容器单组容量最大值，见表 1-2。

表 1-2　　　　330kV 及以上电压等级变电站内配置的电容器单组容量最大值　　　　单位：Mvar

主变高压侧电压等级	补偿侧电压等级		
	10kV	35kV	66kV
330kV	10	28	—
500kV	—	60	60/80
750kV	—	—	120

（2）第 6 部分规定了 220kV 变电站应遵守的无功补偿配置原则。规定了高压侧功率因数不低于 0.95；规定了对进、出线以电缆为主的 220kV 变电站，每一台变压器的感性无功补偿装置容量不宜大于主变压器容量的 20%；规定了 220kV 变电站容性无功

补偿装置的单组容量，接于 66kV 电压等级时不宜大于 20Mvar，接于 35kV 电压等级时不宜大于 12Mvar，接于 10kV 电压等级时不宜大于 8Mvar；规定了 220kV 变电站安装有两台及以上变压器时，每台变压器配置的无功补偿容量宜基本一致。规定了 220kV 变电站的无功补偿配置容量，见表 1-3。

表 1-3　　　　　　　　　220kV 变电站无功补偿配置容量对照表

配 置 容 量	条 件
容性无功补偿装置应按主变压器容量的 15%～25% 配置	(1) 220kV 枢纽站； (2) 中压侧或低压侧出线带有电力用户负荷的 220kV 变电站； (3) 变比为 220kV/66（35）kV 的双绕组变压器； (4) 220kV 高阻抗变压器； 同时满足上述任意两个条件
容性无功补偿装置应按主变压器容量的 10%～15% 配置	(1) 低压侧出线不带电力用户负荷的 220kV 终端站； (2) 统调发电厂并网点的 220kV 变电站； (3) 220kV 电压等级进出线以电缆为主的 220kV 变电站

（3）第 7 部分规定了 35～110kV 变电站的无功补偿配置原则。规定高压侧功率因数不低于 0.95；规定滤波电容器按主变压器容量的 20%～30% 配置；规定当 35～110kV 变电站为电源接入点时，按主变压器容量的 15%～20% 配置，其他情况下，按主变压器容量的 15%～30% 配置；规定 110（66）kV 变电站容性无功补偿装置的单组容量不应大于 6Mvar，35kV 变电站容性无功补偿装置的单组容量不应大于 3Mvar。

（4）第 8 部分规定了 10kV 及其他电压等级配电网的无功补偿配置原则。规定配电网的无功补偿以配电变压器低压侧集中补偿为主，高压补偿为辅；变压器最大负荷时其高压侧功率因数不低于 0.95；在供电距离远、功率因数低的 10kV 架空线路上可适当安装电容器，其容量（包括用户）一般按线路上配电变压器总容量的 7%～10% 配置，但不应在低谷负荷时向系统倒送无功。

三、风电场的无功补偿配置

Q/GDW 212—2008 第 9 部分规定了对于风电场无功补偿配置的要求。规定当风电场并网点的电压偏差在 -10%～10% 之间时，风电场应能正常运行；规定风电场变电站高压侧母线电压正、负偏差的绝对值之和不超过额定电压的 10%，一般应控制在额定电压的 -3%～7%；规定风电场的无功补偿装置容量总和不小于风电装机容量的 30%～50%；规定风电场内集中无功补偿的容量不低于风电场无功补偿装置容量总和的 40%～60%；规定风电场应有一定比例的以适应风力变化过程的动态补偿装置；规定最大单组无功补偿装置投切引起的所在母线电压变化不宜超过电压额定值的 2.5%，且采用自动控制方式；规定在风电机组发电时，风电场升压变电站高压侧不应从系统吸收无功功率。

四、电力用户的无功补偿

Q/GDW 212—2008 第 9 部分规定了对于用户无功补偿配置的要求。

规定 100kVA 及以上高压供电的电力用户，在用户高峰负荷时变压器高压侧功率因数不宜低于 0.95；其他电力用户功率因数不宜低于 0.90；对于特殊非线性、冲击性负荷用户如冶金、电气化铁路等，用户应进行电能质量综合治理，使电能质量达到相关技术标准要求。

第四节 小 结

由于无功补偿相关的国家标准、行业标准和企业标准数量众多，且各个标准内容上重复过多，本章只是简单罗列了现有的一部分无功补偿标准。实际工作中，应具体情况具体分析，对于电力从业者而言，本章第四节所述的技术原则是必须遵守的，在此基础上，可根据需要遵照对应的标准。至于无功补偿设备相关的标准，无论是国家标准、行业标准还是企业标准，规定的大多是设备本身设计、生产、制造、试验等的内容，本章不做介绍，若有了解需求，请检索对应的标准。

第二章

无功补偿设备分类及原理

第一节 概　述

电网中的无功补偿设备形式众多，满足不同应用场景下的无功补偿需求。通常，无功补偿设备有三种分类方法，包括：①按照接入电网的方式分类，分为串联无功补偿设备、并联无功补偿设备和旋转类无功补偿设备；②按照接入电压等级分类，可以分为高压无功补偿设备和低压无功补偿设备；③按照投切方式分类，分为旋转类无功补偿设备、静止式静态无功补偿设备、静止式动态无功补偿设备、静止式动态无功发生设备等。

一、按照接入电网的方式分类

设备提供商、用户和供电企业通常采用这种分类方法，这种分类方式可以清晰明确地表明无功补偿设备与电网之间的连接关系，工程实践中便于工程人员理解。

1. 串联类无功补偿设备

串联类无功补偿设备，就是指串联在线路中的无功补偿设备，通常为电容或电抗。串联类的无功补偿设备包括固定式串联电抗器、可控式串联电抗器、固定式串联电容器和可控式串联电容器。

2. 并联类无功补偿设备

并联类无功补偿设备，就是指并联接入电网的无功补偿设备，通过改变接入的无功容量来进行无功补偿，是电网中应用最广泛的一类无功补偿设备。并联类的无功补偿设备包括机械投切电容器（mechanically switched capacitor，MSC）、机械投切电抗器（mechanically switched reactor，MSR）、机械投切滤波器（filter compensatior，FC）、自饱和电抗器（self saturated reactor，SSR）、晶闸管投切电容器（thyristor switched capacitor，TSC）、晶闸管投切电抗器（thyristor switched reactor，TSR）、复合开关投切电容器（TSC＋MSC）、晶闸管控制电容器（thyristor controlled copacitor，TCC）、晶闸管控制电抗器（thyristor controlled reactor，TCR）、磁控电抗器（magnetically controlled reactor，MCR）、有源电力滤波器（active power filter，APF）和 SVG 等。

3. 旋转类无功补偿设备

旋转类无功补偿设备，就是指通过磁极旋转的方式调整无功功率的输出，满足电网无功补偿需求的一类设备。旋转类无功补偿设备包括同步发电机和调相机两种，当系统电压偏高时，欠励磁运行，从系统吸收无功；当系统电压偏低时，过励磁运行，向系统提供无功功率将系统电压抬高。

二、按照接入电压等级分类

按照接入电压等级分类这种分类方法通常与应用场景对应，也是电力从业人员常采用的一种分类方法。

1. 高压无功补偿设备

高压无功补偿设备，通常指 1kV 及以上电压等级的无功补偿设备。串联型的无功补偿设备通常都是高压无功补偿设备，电网变电站、新能源发电接入变电站和工业大用户变电站的集中补偿设备也大多属于高压无功补偿设备。

2. 低压无功补偿设备

低压无功补偿设备，通常指 1kV 及以下电压等级的无功补偿设备。实际工作中，380V 配电网的所有无功补偿设备、用户低压用电设备配置的无功补偿设备和低压电动机配置的无功补偿设备都属于低压无功补偿设备，低压无功补偿设备数量大、类型多、不具备集中调度的可能性。

三、按照投切方式分类

按照投切方式分类这种分类方法是设备供应商常用的一种分类方法，能够清晰地表明无功补偿设备的工作原理和工作特性。

1. 旋转类无功补偿设备

旋转类无功补偿设备包括同步发电机和调相机。

2. 静止式静态无功补偿设备

静止式静态无功补偿设备，是指通过常规机械开关接入电网，只有投入和退出两种状态，不具备调整无功出力能力的一类无功补偿装置。其包括 MSC、MSR 和机械投切 FC 等。

3. 静止式动态无功补偿设备

静止式动态无功补偿设备，是指能够通过晶闸管等器件，动态调整无功出力的一类无功补偿装置，包括 SSR、TSC、TSR、TSC＋MSC、TCC、TCR、MCR 等。

4. 静止式动态无功发生设备

静止式动态无功发生设备，是指区别于传统的电抗器和电容器类无功补偿设备，核心部分为绝缘栅双极型晶体管（insulated gate bipolar transistor，IGBT）等全控半导体器件构成的变流器或变流器组，能够动态调整无功出力的新型无功补偿设备。这类设备包括 APF 和 SVG 等，另外，风机变流器和光伏并网逆变器等也都可以看作是静止式动态无功补偿设备。

随着全控半导体技术及其应用技术的快速发展，一些新型的无功补偿技术和无功补偿设备不断出现，比如静止式串联补偿器（static synchronous series compensator，SSSC）、统一潮流控制器（unified power flow controller，UPFC）和各类新型有源电力滤波器等。由于这些新型无功补偿设备大多处在示范工程阶段，未在电网中广泛应用，下文中只对 SSSC 进行简单介绍。

本章第二节详细介绍并联电容器（机械投切电容器）；第三节详细介绍高压无源电力滤波器（机械投切滤波器）；第四节详细介绍各类 SVC，并简单描述磁控型并联电抗器的拓扑结构和原理；第五节详细介绍 SVG；第六节介绍串联型无功补偿设备；第七节介绍同步调相机。

第二节　并　联　电　容　器

机械投切电容器是应用最广泛的一种无功补偿方案，机械投切装置为常规的断路器或接触器，只起到投入和退出的作用。因此在实际工作中，通常不体现'机械投切'，只是称这种补偿方式为并联电容器方式。

对于电动机的并联电容器、小型用电设备的并联电容器和一些低压用户侧的间断性接入系统的小型低压并联电容器，这里不做讨论，只侧重讨论机械切换的并联电容器（组），重点介绍供电企业变电站和高压接入用户集中式无功补偿的并联电容器（组）。

一、并联电容器优缺点

并联电容器的优缺点都非常明显。

1. 并联电容器的优点

(1) 并联电容器控制简单，只需要按照既定策略进行投切操作。

(2) 并联电容器的损耗非常低，通常情况下，高压并联电容器的损耗为其额定补偿容量的 $0.3\%\sim0.5\%$。

(3) 单位容量的价格便宜，产品系列齐全，单位容量的投资最少。

2. 并联电容器的缺点

(1) 属于静态补偿设备，不能快速跟踪负载无功功率的变化。

(2) 投切电容器时常会引起较为严重的冲击涌流和操作过电压。

(3) 组别选择不合适或投切顺序不当时，可能会产生谐振，严重时威胁系统安全。

二、并联电容器补偿原理

并联电容器原理简单，就是通过并联接入电容器或电容器组，补偿供电设备或负荷消耗的感性无功。机械投切电容器补偿原理如图 2-1 所示。

图 2-1 中，C 为并联电容器（组），R 和 L 组成的回路为供电设备（如变压器）或负荷（如电动机）等效回路，供电设备或负荷所需要的无功功率，可以全部或部分由并联电容器供给，即并联电容器发出的容性无功，可以补偿负荷所消耗的感性无功。

当未接电容 C 时，流过电感 L 的电流为值 I_L，流过电阻 R 的电流为值 I_R。电源所供给的电流值为 I_1。$\dot{I}_1 = I_R + jI_L$，此时相位角为 φ_1，功率因数为 $\cos\varphi_1$。并联接入电

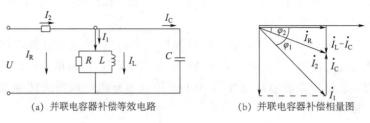

(a) 并联电容器补偿等效电路　　　　(b) 并联电容器补偿相量图

图 2-1　机械投切电容器补偿原理

容 C 后，由于电容电流 $\dot{I}_C$ 与电感电流 $\dot{I}_L$ 方向相反（电容电流超前电压 $\dot{U}$ 90°，而电感电流滞后电压 $\dot{U}$ 90°），使电源供给的电流值由 I_1 减小为 I_2，$\dot{I}_2 = I_R + \mathrm{j}(I_L - I_C)$，相角由 φ_1 减小到 φ_2，功率因数则由 $\cos\varphi_1$ 提高到 $\cos\varphi_2$。

三、并联电容器配置原则

1. 并联电容器容量配置原则

对于变电站而言，并联电容器的容量配置原则主要是依据《电力系统电压和无功电力技术导则》（DL/T 1773—2017）。一般情况下，电容器容量可按主变压器容量的 10%～30% 确定，计算时要充分考虑变电站的调容调压需求。而对于大工业用户而言，并联电容器的配置原则依据《全国供用电规则》，由高压供电的工业用户和装有带负荷调整电压装置的工业用户，功率因数为 0.90 以上。

2. 并联电容器分组原则

对于集中式的并联电容器，通常会根据电压波动、负荷变化、谐波含量等因素将电容器分组安装，分组后，按照既定控制目标进行分组投切时，首要的原则是要满足系统电压稳定的要求。同时，由于谐振会导致电容器组产生严重过载，引起电容器产生异常声响和振动，外壳变形膨胀，甚至因外壳爆裂而损坏，因此各分组电容器投切时，不能发生谐振。为了躲开谐振点，变电站在规划设计时，一定要充分考虑所处电网的背景谐波情况，设计安装的分组电容器在各种容量组合时均应躲开谐振点。由于系统的背景谐波存在一定随机性，因此并联电容器组初次投运时应逐组测量系统谐波分量变化，如有谐振现象产生，应尽快采取对策消除。

3. 并联电容器安装点

无论是供电企业变电站，还是高压接入的工业用户，并联电容器最优的安装位置都在主变压器的主要无功负荷侧，这样可以获得显著的无功补偿效果，降低变压器损耗，提高母线电压。例如，110kV 变电站的主要负荷侧通常在 35kV 侧，并联电容器安装在 35kV 侧能取得最好的补偿效果和经济效益。但对于 220kV 及以上电压等级变电站，其主要无功负荷在 110kV 及以上电压等级上，考虑到装置的可靠运行与经济运行，一般在三绕组变压器的低压侧安装并联电容器。目前，10kV 和 35kV 并联电容器装置的配套设备较为齐全，因此，220kV 及以上电压等级变电站并联电容器组大多装设在 35kV 侧或 10kV 侧。

对于低压系统，宜采用分散补偿的方式，强调用户的功率因数符合《全国供用电规则》和供电合同的约束。

四、并联电容器接线方式

并联电容器的接线方式与电压等级、应用场景、补偿方式、电容器自身特点和系统运行方式等因素相关。通常，在高压系统中，主要采用星形接法或双星形接法等；在低压系统中，星形接法和三角形接法都很常见。

1. 并联电容器组与母线的接线方式

对于部分 220kV 及以上电压等级变电站，若采用三绕组变压器，且低压侧只接所用变压器和电容器组，并联电容器组采用星形接法，且多采用图 2-2 所示的接线方式。

在很多电网变电站和大用户变电站中，同一条母线上既接有供电线路，又接有并联电容器组，在这种情况下，并联电容器组采用星形接法，且多采用图 2-3 所示的接线方式。

对于同级母线上有供电线路且母线短路电流特别大的情况，电容器组需要频繁投切，若分组回路采用能开断短路电流的断路器，则会因该断路器价格较贵使工程造价提高，为了节约投资可设电容器专用母线。电容器总回路断路器要满足开断短路电流的要求，分组回路采用价格便宜的真空开关，满足频繁投切要求而不考虑开断短路电流。这种接线方式比较少见，设置专用并联电容器的母线如图 2-4 所示。

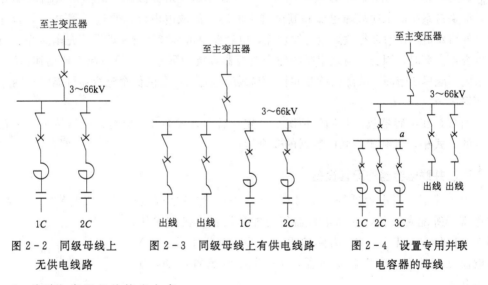

图 2-2 同级母线上　　图 2-3 同级母线上有供电线路　　图 2-4 设置专用并联
　　无供电线路　　　　　　　　　　　　　　　　　　　　　电容器的母线

2. 并联电容器组的接线方式

国内运行的电容器组有三角形接法（单三角形、双三角形）和星形接法（单星形、双星形）两类接线法。

（1）三角形接法。三角形接法的优点是，同等电容值和同等电压等级下，其无功出力是星形接法的 3 倍。但是运行经验证明：三角形接线的电容器，当一相被击穿时，系统供给的短路电流较大，尽管此时熔断器可以迅速熔断，但过大的短路电流即使是短时间流过电容器，也会使其中浸润剂受热膨胀，迅速汽化，极易引起爆炸。特别是当不同

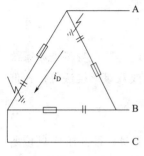

图 2-5 三角形接法
发生短路

相的电容器同时发生对地击穿时，熔断器即使熔断，故障也不易切除，必将引起事故的扩大。三角形接法发生短路如图 2-5 所示。因此，目前高压并联电容器多采用星形接线，其中又以单星形接线居多。

（2）星形接法。对于星形接法的并联电容器，当任一台电容器发生极板击穿短路时，短路电流都不会超过电容器组额定电流的 3 倍；当出现多点接地的情况时，由于其对地电位较低，一般不会发生对地绝缘击穿。

根据我国目前的设备制造现状，电力系统和用户的并联电容器装置安装情况为：电容器组安装的电压等级为 66kV 及以下，而 66kV 及以下电网为非有效接地系统，因此星形接线电容器组中性点均不接地。

由于单星形接线简单、布置清晰，串联电抗器接在中性点侧且只需一台，没有发生对称故障的可能。因此，高压并联电容器组接线要优先考虑采用单星形接线。

3. 并联电容器的串并联

并联电容器组的每相或每个桥臂由多台电容器串并联组合连接时，工程中基本上都采用先并后串。

因为，当采用先并后串方式时，当一台电容器出现击穿故障，故障电流由两部分组成，即来自系统的工频故障电流和其余健全电容器的放电电流，通过故障电容器的电流大，外熔丝能迅速熔断把故障电容器切除，电容器组可继续运行；若采用先串后并，当一台电容器击穿时，因受到与之串联的健全电容器容抗的限制，故障电流就比前述情况小，外熔丝不能尽快熔断，故障延续时间长，与故障电容器串联的健全电容器可能因长期过电压而损坏。

而且，在电容器故障相同的情况下，先并后串方式的并联电容过电压情况要比先串后并的方式小，有利于并联电容器的安全运行。

五、并联电容器的配套设备

为了保证并联电容器的安全可靠运行，需要配备串联电抗器、放电装置、熔断器或避雷器等配套设备，并联电容器组与配套设备连接方式如图 2-6 所示，其中，QS 为隔离开关，QF 为断路器，TA 为电流互感器，L 为串联电抗器，TV 为放电装置，QG 为接地开关。

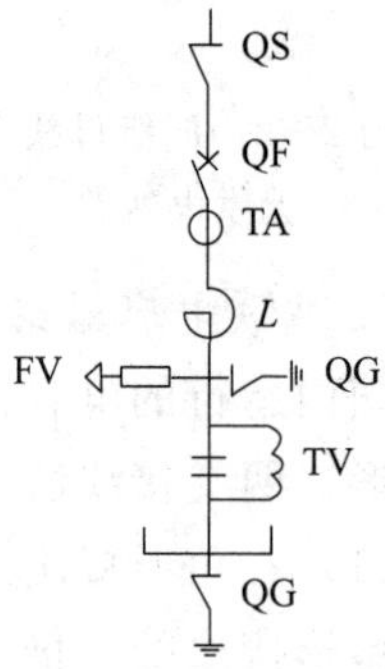

需要注意的是，当电容器本身能够保证安全可靠运行时，可以不增设备类配套设备，但这种情况在高压系统很少见。

1. 串联电抗器

装设串联电抗器的目的是限制合闸涌流和抑制谐波。

理论上，串联电抗器无论装在电容器组的电源侧还是中性点侧作用都一样。但串接电抗器装在中性点侧时，正常运行串

图 2-6 并联电容器组与
配套设备连接方式

联电抗器承受的对地电压低，可不受短路电流的冲击，对动热稳定没有特殊要求，可减少事故，使运行更加安全；而且可采用普通电抗器产品，价格较低。因此，串联电抗器宜装于电容器组的中性点侧。

当需要把串联电抗器装在电源侧时，普通电抗器是不能满足要求的，应采用加强型电抗器，但这种产品是否满足安装点对设备的动热稳定要求，也应经过校验。

在改扩建工程中，若原有的并联电容器组未配置串联电抗器，扩建的并联电容器组拟设置串联电抗器，设计时一定要进行谐波计算，避免扩建的并联电容器组投运后产生过度的谐波放大或谐振。

2. 熔断器

对于高压并联电容器组，需配备喷逐式熔断器，且应为每台电容器配一只熔断器。熔断器在并联电容器中的安装位置一般在电源侧。

以 10kV 并联电容器组为例，电容器的绝缘水平与电网一致，电容器安装时外壳直接接地，当发生套管闪络和极对壳击穿事故时，故障电流只流经电源侧，中性点侧无故障电流。因此，装在中性点侧的熔断器对这类故障不起保护作用。另外，当中性点侧已发生一点接地（中性点连线较长的单星形或双星形电容器组均有可能），这时若再发生电容器套管闪络或极对壳击穿事故，相当于两点接地，装在中性点侧的熔断器被短接而不起保护作用。

3. 放电装置

由于电容器是储能元件，断电后两极之间的最高电压可达 U_n（U_n 为电容器额定电压有效值），储存的能量最大为 CU_n^2，不能靠自身的高绝缘电阻放电至安全电压。因此，高压并联电容器组需要配备放电装置。

并联电容器有内部装放电电阻和外部配备放电装置两种放电方式。有内放电电阻的电容器组，电容器脱离电源后，能在一定的时间里将剩余电压降到允许值，但相对于加装外部放电装置的方式，放电时间要长很多。无内放电电阻的电容器组必须配置放电器，使电容器脱离电源后迅速将剩余电压降低到安全值，从而起到避免合闸过电压，保障检修人员的安全和降低单相重击穿过电压的作用。因此，放电器是保障人身和设备安全必不可少的一种配套设备。

必须强调的是，不允许在放电回路中串接熔断器（单台电容器保护用熔断器不在此例）或开关，为了保证人身和设备安全，不能因某种原因使放电回路断开而终止放电。

放电装置往往不能将电容器上的残留电荷完全释放，为确保检修人员人身安全要做检修接地。通常高压并联电容器建议装设接地开关，一方面，在检修时接地开关比临时挂接地线方便；另一方面，接地开关还可装设防止误操作的机械或电气连锁，提高安全可靠性。

需要注意，星形接线并联电容器组经长时间运行后中性点积有电荷，如仅在电源侧接地放电，中性点仍会具有一定电位，对检修人员构成威胁。检修工作进行前，短路接地放电应在电源侧和中性点侧同时进行。

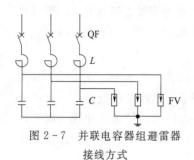

图 2-7　并联电容器组避雷器
接线方式

4. 避雷器

对于并联电容器，应配置抑制操作过电压的避雷器。

对于 3～66kV 不接地系统，并联电容器组的中性点均未接地。因此，在开断电容器组时如发生单相重击穿，电容器组的电源侧（高压端）对地可能出现超过设备对地绝缘水平的过电压，因此，应在每一相的电源侧装设相对地的避雷器，并联电容器组避雷器接线方式如图 2-7 所示。

第三节　高压无源电力滤波器

无源滤波器是电力系统中除了并联电容器以外应用最广泛的一种并联型无功补偿设备，无源滤波器在补偿无功功率的同时，还能够对特定频率的谐波电流进行治理。

无源电力滤波器通常是由电容器、电抗器和电阻器组合而成的单调谐滤波回路、C型高通滤波回路、二阶阻尼高通滤波回路，用于吸收、滤除用户或系统特定次数谐波电流的电力滤波装置，通常应用于发、供电单位的变电站和高压接入的电力用户。本节只对适用于工频 50Hz，额定电压为 6kV、10kV 和 35kV 的高压电力滤波器展开介绍（下文简称高压滤波器）。

与高压并联电容器一样，高压滤波器的补偿容量配置原则同样需遵循 DL/T 1773—2017 的规定和建议。

一、高压滤波器的优缺点

高压滤波器的优缺点都非常明显。

1. 高压滤波器的优点

（1）高压滤波器控制简单，只需要按照既定策略进行投切操作。

（2）高压滤波器的损耗非常低，通常情况下，高压滤波器的损耗为其额定补偿容量的 0.3%～0.5%。

（3）单位容量的价格便宜，产品系列齐全，单位容量的投资最少。

（4）能够补偿无功的同时治理谐波。

2. 高压滤波器的缺点

（1）属于静态补偿设备，不能快速跟踪负载无功功率的变化。

（2）投切高压时常会引起较为严重的冲击涌流和操作过电压。

（3）组别选择不合适或投切顺序不当时，可能会产生谐振，严重时威胁系统安全。

二、高压滤波器的设计原则

《高压电力滤波装置设计与应用导则》（GB/T 26868—2011）中，明确规定了高压滤波器需要遵循的设计原则。

1. 可靠性

可靠性原则是所有电力设备都应遵循的原则，是保证电力系统可靠运行的必要条件。

装置的可靠性是指在规定的运行条件下装置能够连续工作的保证程度。即装置的设计应能保证在规定的运行条件、运行环境、电网电压的正常波动、供电电能质量状况下，确保滤波装置的连续可靠工作。对于特殊的运行环境和运行条件，应通过采用相应的技术措施与设计标准，提高装置的性能或指标，来满足可靠性。

2. 安全性

安全性原则主要从电力系统对装置和装置对电力系统两个方面考虑。一方面，装置的设计应能保证其在正常运行与外部电网事故及异常时本身的安全性；另一方面，装置本身的投入、切除、正常运行及异常不会对系统运行产生影响。

3. 功能要求

高压滤波器的设计和运行应满足以下基本功能：

（1）通过装置滤波使谐波源注入公共连接点的谐波电流在规定的限值以内。

（2）在负荷功率变化范围内，装置的无功补偿能满足负载对功率因数和母线电压偏差的要求。

另外，高压滤波器还应在控制上和运行方式上具有一定的灵活性，以满足系统运行工况变化的需求。一般情况下，装置的运行损耗应不大于装置基波补偿容量的 0.5％。

三、高压滤波器的设计依据

1. 设计条件

高压滤波器在设计及使用中需充分考虑环境条件、电源及供配电系统要求、负载特性和用户要求等因素。其中，环境条件主要考虑海拔、温湿度、风俗、覆冰厚度、抗污秽能力和抗震要求等；电源及供配电系统方面需充分考虑接入点所在系统的系统参数、系统接线及运行方式、各种方式下电网短路容量、变压器参数、输配电线路参数、电能质量指标限值、补偿电容器和电抗器组及限流电抗器等设备参数；负载特性主要考虑负载的谐波含量、有功变化情况和无功变化情况；用户要求需充分考虑用户的所有需求。

2. 设计要求

高压滤波器的设计，应根据预安装地点系统接线及运行方式、背景谐波水平和无功需求等因素，按全面规划、合理布局、分级滤波、就地平衡的原则确定最优滤波容量和方式。

高压滤波器按各种容量组合运行时，所在系统不得发生有危害的谐振，且考核点的谐波水平应在设计限值范围内。

滤波装置应装设在变压器的主要谐波负荷侧。当不具备条件时，可装设在三绕组变压器的低压侧。

3. 需满足的电能质量指标要求

（1）滤波装置运行及退出时，其对所接系统引起的电压偏差变化应符合《电能质量供电电压允许偏差》（GB/T 12325—2003）规定的范围。对供电电压允许偏差有特殊要求的用户，由设计方、制造方与购买方协议确定。

（2）对多级高压滤波器，要求投切任何一支路所引起的考核点电压变动值：35kV及以上等级不宜超过其额定电压的 2.5%，10kV 及以下等级不宜超过其额定电压的 3%。

（3）高压滤波器设计时必须考虑所在系统最大频率波动范围，确保系统的阻抗特性满足滤波器和系统安全稳定要求。通常情况下，我国电力系统频率变化很小，高压滤波器很少出现由于频率变化而导致的失稳或失效。

（4）对公用电网公共连接点（point of common coupling，PCC），滤波装置设计应满足国标《电能质量 公用电网谐波》（GB/T 14549—1993）规定的谐波限值。对用户或企业内部电网的母线，可采用电磁兼容谐波限值，或由用户另行规定。

（5）高压滤波器的无功补偿容量应根据本地区电网无功规划以及无功电压有关规定确定。如在用户变压器低压侧安装滤波器时，设计上应计算到用户变压器、电抗器及其他感性负荷设备的无功功率需求，确保补偿后的功率因数符合现行国家标准《全国供用电规则》的规定。一般情况下，要求用户功率因数不能超前，不宜出现无功功率过补偿。

（6）高压滤波器设计时必须计算系统阻抗频谱，校核系统谐振点，保证在任何一种系统运行方式和负荷水平下，滤波器所在系统不会发生谐波放大、越限。高压滤波器应具备谐波监测及保护功能，在因系统或负荷异常而产生非特征性谐波分量而导致谐波异常放大或发生谐振时，能根据设置有效监测预警或动作切除滤波器。

（7）高压滤波器必须保证在任何一种系统运行方式和负荷水平下，滤波器各设备或元件所流过的电流和承受的电压及其对应的功率在各设备或元件允许范围内，且滤波性能应满足设计要求。

（8）对于不同调谐频率的滤波支路组成的滤波器组，运行时各滤波支路应按调谐频率由低至高逐级投入，切除顺序则相反。在同一电气连接点上，不应（宜）同时运行无源电力滤波装置和并联补偿电容器或电抗器设备。

四、高压滤波器的类型

1. 高压滤波器分类

系统中常用的高压滤波器拓扑结构如图 2-8 所示。

（1）单调谐滤波装置是最简单实用的滤波电路，其优点是在调谐频率点阻抗几乎为零，在此频率下滤波效果显著。缺点是在低于调谐频率的某些频率与网络形成高阻抗的并联谐振，低次单调谐滤波装置基波有功功率损耗较大。

（2）二阶高通滤波装置对于调谐频率点以及高于此频率的其他频率有较好的滤波效果。它一般适合于 7 次及以上更高次谐波电流的滤波。二阶高通滤波装置基波有功损耗较小，其并联电阻装置的谐波有功损耗较大。

（3）对于电弧炉、循环换流器等负荷，其运行特性是不仅产生整数次谐波电流，而

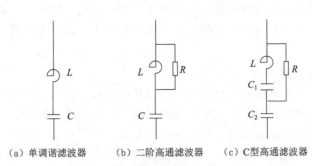

（a）单调谐滤波器　　（b）二阶高通滤波器　　（c）C型高通滤波器

图 2-8　常用的高压滤波器拓扑结构

且产生间谐波电流，高品质因数的单调谐滤波装置可能会使间谐波放大，低品质因数的单调谐滤波装置基波有功损耗大。因此在要求高阻尼且调谐频率不高于 5 次的谐波滤波装置常选用 C 型高通滤波器，并联电阻器不消耗基波有功功率。

2. 高压滤波器类型的确定原则

（1）负载在某些频率点谐波电流大，频率点附近无间谐波，可以选用单调谐滤波装置。

（2）要求高阻尼高通且调谐频率不低于 4 次的谐波频率点，可以选用二阶高通滤波装置。

（3）不高于 5 次谐波的频率点附近存在间谐波，宜选用高阻尼 C 型高通滤波装置。

3. 高压滤波器的常用接线形式

对于高压滤波器，一般推荐采用电抗器前置接线方式，这样电容器可采用双星形接法，便于使用不平衡电流的保护方案；对于扁形电抗器，由于其抗电动力的能力较差，可考虑电抗器后置接线方式。

高压滤波器典型接线方式如图 2-9 所示。

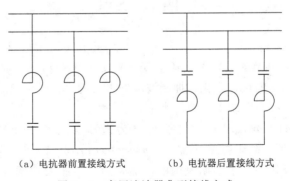

（a）电抗器前置接线方式　　　　（b）电抗器后置接线方式

图 2-9　高压滤波器典型接线方式

图 2-9（a）为电抗器前置接线，电抗器本体对地全绝缘，当滤波电抗器与电容器的连线发生对地短路或电容器组发生全部击穿时，滤波电抗器将承受短路电流和电源电压，其动、热稳定要求与断路器相同，其额定电压为电源电压；图 2-9（b）为电抗器

后置接线,当滤波电抗器与电容器连接线发生对地短路时,滤波电抗器被旁路,短路电流小于滤波器的正常工作电流。仅当电容器组被全部击穿时,电抗器的动热稳定要求才与断路器相同。

4.高压滤波器滤波支路的组合

当负载有多个频率点的谐波电流发生时或负载无功变化较大时,需要2个或2个以上滤波支路同时运行或分组投切。滤波装置的组合在满足无功补偿、谐波滤波和电压波动指标的前提下,保持滤波装置支路数量最少是滤波装置组合的重要原则。

(1)谐波源负荷产生3次及以上次数的谐波电流,仅3次谐波电流超标,推荐采用3次单调谐滤波器。

(2)谐波源负荷产生5次及以上次数的谐波电流,仅5次谐波电流超标,推荐采用5次单调谐滤波器。

(3)对于6脉冲整流负荷,推荐采用5次、7次单调谐滤波器与11次高通滤波器组合。

(4)对于12脉冲整流负荷,推荐采用5次单调谐滤波器与11次、17次二阶高通滤波器组合。

(5)对于交流电弧炉推荐采用2次C型高通滤波器与3次、4次单调谐滤波器组合。

(6)交流电弧炉SVC的滤波器采用2次C型高通滤波器与3次、4次、5次单调谐滤波器组合,或2次、4次C型高通滤波器与3次、5次高通滤波器组合。

(7)对使用IGBT等大功率可关断高速电力器件的高压变频器负荷,滤波装置应是低次滤波器与高通滤波器的组合。

高压滤波器常作为SVC的一部分,与TCR支路或MCR配合工作,达到动态无功调节无功功率和快速响应的目的。

第四节 SVC

SVC是灵活交流输电(flexible AC transmission systems,FACTS)技术之一。SVC具有较强的无功调节能力,可快速改变其发出的无功功率,通过动态调节无功出力,可以响应无功需求的快速变化,抑制波动冲击负荷运行时引起的母线电压变化,有利于暂态电压恢复,提高系统电压稳定水平。

根据结构原理的不同,SVC设备又可分为饱和电抗器(saturated reactor,SR)型、TCR型、TSC型、高阻抗变压器(thyristor controlled transformer,TCT)型和MCR型等。其中,SR型属于早期应用的产品,随着高压大功率电力电子器件制造技术的发展,TCR型和TSC型的SVC已经成为主流SVC技术,MCR型SVC也在新能源领域和冶金等行业有较多应用。下面对其中几种进行介绍。

一、SR型

饱和电抗器分为自饱和电抗器和可控饱和电抗器两种,相应的无功补偿装置也就分为两种。具有自饱和电抗器的无功补偿装置是依靠电抗器自身固有的能力来稳定电压，它利用铁芯的饱和特性来控制发出或吸收无功功率的大小；可控饱和电抗器通过改变控制绕组中的工作电流来控制铁芯的饱和程度，从而改变工作绕组的感抗，进一步控制无功电流的大小。

饱和电抗器造价高，约为一般电抗器的 4 倍，并且电抗器的硅钢片长期处于饱和状态，铁芯损耗大，比常规并联电抗器大 2～3 倍，另外这种装置还有振动和噪声，而且调整时间长，动态补偿速度慢。由于具有这些缺点，饱和电抗器目前应用的比较少，一般只在超高压输电线路中才有使用。

可控饱和电抗器通常也称为可控并联电抗器，可有效协调无功调节和过电压抑制之间的矛盾，广泛应用在超高压和特高压电网中。其作用为：

（1）限制工频过电压。在电网正常运行时，可控并联电抗器容量可根据线路所传输的功率自动平滑调节，以稳定其电压水平。此外，在线路传输大功率时，若出现末端三相跳闸甩负荷的情况，处于轻载运行的可控并联电抗器可通过控制系统快速调整到系统所需的容量，以限制工频过电压。

（2）消除发电机自励磁。发电机带空载线路运行时，有可能产生自励磁。可控并联电抗器可以自动调整到合适的补偿容量，以消除产生自励磁的条件和现象。

（3）限制操作过电压。由于可控并联电抗器的补偿作用使得空载线路的工频电压得以抑制，从而降低了系统的操作过电压水平。对于华中、西北等电网，由于水电比重高，汛期和枯水季节潮流变化极大。对于 500kV 超高压线路，当传输接近自然功率时，其容性和感性无功自我补偿。此时，应将可控并联电抗器容量调至空载（接近零）。相反，在线路轻载时，可控并联电抗器容量应增至额定值，以充分吸收线路的充电无功。可控并联电抗器可快速调节自身无功出力，是输电电网理想的无功补偿设备。

（4）潜供电流抑制。模拟实验和理论分析表明，可控并联电抗器配合中性点小电抗和一定的控制方式，可大大减小线路单相接地时的潜供电流，有效地促使电弧熄灭。

可控并联电抗器包括磁控式和分级式两种主要型式。

典型分级式可控饱和电抗器如图 2-10 所示。

典型磁控型可控饱和电抗器如图 2-11 所示。

二、TCR 型

TCR 一般与 FC 配合使用，TCR+FC 如图 2-12 所示。

在工作过程中，由滤波器组提供最大无功补偿功率，而由晶闸管控制相控电抗器在计算调节单元的控制下，实时吸收 FC 提供的无功补偿功率与系统需要的无功功率的差额，以达到实时调节无功的目的，其表达式为

$$Q_R = Q_C - Q_L + \Delta Q \tag{2-1}$$

式中　Q_C——滤波器组能够提供的最大无功补偿功率；

　　　Q_L——用电负荷特定时刻吸收的无功功率；

　　　Q_R——晶闸管控制相控电抗器吸收的无功功率。

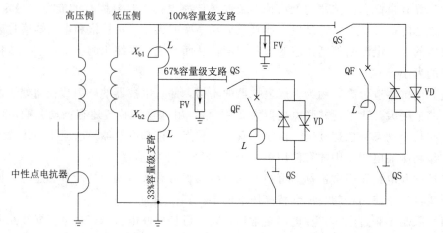

图 2-10 典型分级式可控饱和电抗器

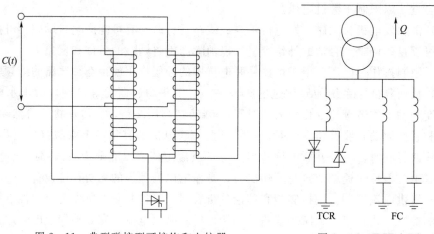

图 2-11 典型磁控型可控饱和电抗器　　　　　图 2-12 TCR+FC

ΔQ 是为了保证 SVC 与用电负荷并联后，其并联阻抗呈阻感负载而添加的，有利于系统稳定。

1. TCR 型 SVC 的优点

（1）响应速度快。具有极高性价比的数字信号处理技术大规模可编程逻辑器件的快速发展，使控制器的响应时间不再受限于控制芯片本身，目前，主流 TCR 控制器的响应时间不超过 5ms 是完全可能的，TCR 的整机响应时间也完全可以控制在 10ms 以内。这个响应速度可以满足绝大多数快速变化的无功需求。

（2）可分相补偿。TCR 型 SVC 装置的 TCR 部分通常设计成 △ 接线，需要时，可单独对每相 TCR 支路的触发延时角进行控制，从而达到分相调节无功的目的。

（3）可以平滑调节无功出力。由于 TCR 的触发延时角是连续可调的，在额定补偿范围内，输出的无功功率连续无级可调。

2. TCR 型 SVC 的缺点

(1) TCR 支路自身为谐波源。TCR 是通过晶闸管的触发角来控制相控电抗器的导通时刻，达到控制通过相控电抗器电流的目的。TCR 支路电流含有谐波，对该电流波形进行傅立叶分解，可得到所含谐波电流的次数及其所占比例。不同触发角对应的特定次数谐波电流大小不同。并联滤波器组要考虑能够吸收 TCR 支路自身产生的谐波电流。

(2) 负荷轻载或退出运行时，SVC 能耗最大。在负荷轻载或暂时退出运行时，由 TCR 支路完全吸收 FC 部分的容性无功功率，而不是切除电容器。此时，通过 TCR 的电流最大，电抗器、晶闸管阀组耗能非常大。以一套补偿容量 200MVA 的 TCR 型 SVC 为例，其最大能耗功率约为 6MVA，如果负荷有 25% 的时间处于轻载状态，则 SVC 的平均能耗达到 1.5MW，年最大损耗为 1.3×10^7 kWh，电价按 0.5 元/kWh 计算，SVC 一年消耗的电费达到 650 万元人民币，这是一个非常可观的数字。

(3) 占地面积大，电磁辐射影响较大。由于 TCR 支路本身产生了相当量的谐波电流，在很多情况下，即使用电负荷自身不产生或产生非常少的谐波电流，其合成谐波电流也经常超过国家标准的要求。特别是用于相控的电抗器为了满足其线性输出感性无功功率的目的，通常采用干式空心电抗器结构，这些电抗器体积较大，需要较大的面积去摆放。同时，幅值达到或接近 SVC 额定值的电流经常流过电抗器，因相控电抗器的电感值较大，故电抗器附近的区域存在很强的电磁场，可能干扰周围的各种用电设备。

(4) 由于晶闸管器件本身的参数和特点所限，在 35kV 及以下电压等级中，直接应用 TCR 型 SVC 能保证较高的可靠性和较好的经济性。当系统电压更高时，装置一般安装于系统变压器的低压侧（35kV 及以下电压等级），当安装点不存在变压器或不便于安装在变压器低压侧时，需在装置与系统之间增添降压变压器，使 SVC 的工作电压降至 35kV 以下。

三、TSC 型 SVC

在工程实际应用中一般将电容器分组，这样可以根据电网的无功需求投入或切除一组或几组电容器，达到实时满足电网无功需求的目的。TSC 典型电路结构如图 2-13 所示。

1. TSC 型 SVC 的优点

(1) 运行时不产生谐波电流。通过精确控制晶闸管的触发时刻，TSC 可以实现无过渡过程的投入和切除。将电容器预充电至电网电压峰值，在电网电压达到峰值时触发晶闸管，则通过电容器的电流波形为从零开始增长的正弦波而且没有任何谐波。

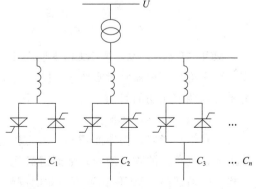

图 2-13 TSC 典型电路结构

（2）TSC 损耗小。由于 TSC 装置不需要大容量的相控电抗器或磁控电抗器，而电抗器的损耗在 SVC 中的损耗比重很高，因此 TSC 的损耗非常小。

（3）结构紧凑、占地面积小且无电磁辐射影响。

（4）响应速度快。TSC 装置仅有投入和退出两种工作状态，整机的响应时间不超过 20ms。

（5）可分相补偿。

2. TSC 型 SVC 的缺点

（1）不能无级连续调节输出无功功率。

（2）与 TCR 类似，TSC 晶闸管阀的耐受电压需与电网电压一致，特别是每设置 1 个 TSC 支路就需要增加 1 套晶闸管阀系统。因此，TSC 同样大多用于 35kV 及以下电压等级，而且，TSC 的支路数不宜过多。

四、MCR 型 SVC

MCR 与 TCR 的不同之处在于控制电抗器输出电流的方式不同。TCR 是通过控制晶闸管的触发角来控制感性无功出力大小，对电抗器的要求是线性度好，不能饱和，一般采用空心电抗器；而 MCR 的感性支路就是一台可控电抗器，正是利用了电抗器在不同饱和度下表现出不同的感抗来实现不同的感性无功输出，MCR 通常采用自励型磁控饱和电抗器，MCR 支路典型结构如图 2-14 所示。MCR 电抗器为铁芯结构，控制铁芯饱和度电路的取能电路采用了自耦变压器原理，由晶闸管和二极管构成的整流电路调节晶闸管的触发角，改变整流电路输出的直流电压幅值，控制流过线圈的直流励磁电流大小，从而改变铁芯的饱和度。

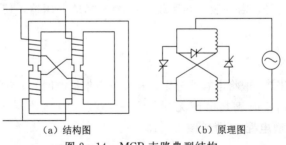

(a) 结构图　　　　　(b) 原理图

图 2-14　MCR 支路典型结构

MCR 型 SVC，也需要 MCR 支路与 FC 配合使用。由 FC 提供最大容性无功补偿功率，而由可控电抗器实时吸收 FC 提供的无功补偿功率与系统需要的无功功率的差额，做到实时调节无功的目的。

1. MCR 型 SVC 的优点

（1）结构紧凑、占地面积小、电磁辐射小。MCR 电抗器的磁芯由高磁导率的硅钢片组成，电抗器的磁通绝大多数通过硅钢构成磁通回路，仅有极少数的漏感磁通通过空气构成磁通回路。MCR 在运行中对周围环境的电磁影响较小，可参照同等容量和同等电压等级的电力变压器的电磁影响进行评估。

（2）可分相补偿。

（3）可以连续无级调节输出无功功率。

（4）MCR 中晶闸管阀的作用是控制励磁电流的大小，其工作电压仅为系统电压的 1%～3%，因此，MCR 的应用电压等级不再受制于晶闸管，可直接应用于高压或超高压。

2. MCR 型 SVC 的缺点

（1）与 TCR 类似，MCR 支路自身也是谐波源。铁芯饱和度的变化导致电抗器对外表现的感抗也是一个变化的值，因而通过电抗器的电流不是标准的正弦波。同等容量下的 MCR 谐波发生量为 TCR 的 1/3～1/2。

（2）负荷轻载或退出运行时，SVC 能耗最大。

（3）响应速度慢。磁控电抗器控制通过线圈的直流电流以达到改变电抗器等效电感值的目的，但磁场的变化通常会有迟滞特性。因此，MCR 比 TCR 的响应时间要长很多，对电压闪变和波动的治理效果较 TCR 型 SVC 差。

五、几种 SVC 性能对比

上面介绍的几种 SVC 都有比较广泛的应用。在实际应用中，还有可能根据情况将 TCR 和 TSC 结合起来应用。表 2-1 对几种 SVC 的性能进行了汇总。

表 2-1　　　　　　　　几种 SVC 性能汇总

性 能	类 型			
	SR	TCR	TSC	MCR
吸收无功	连续	连续	分级	连续
响应时间/ms	10	20	20	100
运行范围	感性	感性到容性	容性	感性到容性
受谐波影响	小	受系统谐波影响大，自身产生大量谐波	受系统谐波影响大，自身不产生谐波	受系统谐波影响大，自身产生较大量谐波
受系统阻抗影响	无	大	大	大
损耗	较大	大	小	较大
分相调节能力	不可	可以	有限	不可
噪声	大	较大	较小	较小
控制灵活性	可连续无级调节	可连续无级调节	不可连续无极调节	可连续无级调节

六、SVC 实际应用

SVC 的实际应用包括两种方式。一种是在配电网广泛应用，满足了用电负荷快速变化的无功功率需求。冶炼行业的电弧炉、各种轧机，采矿业的矿井提升机，港口的大型门型起重机，电气化铁路的牵引变等均可安装 SVC，用于快速无功补偿，提高供电质量。另一种是通过变压器接入的方式应用于输电网，调节电网系统阻抗，提高系统运行的稳定性。实际应用中，SVC 主要用于如下场景：

（1）无功需求无规律迅速变化的用电负荷。以电弧炉为代表的非线性负荷，对无功的需求是在一个最小值和最大值之间连续无规律的变化。这类负荷性质为高度非线性，不仅无功需求变化剧烈且随机，同时还产生大比例的负序电流和频谱很宽的谐波电流。在这几种型式的 SVC 产品中，TCR 型 SVC 能够更好地满足上述要求。例如，在电力机车未进入牵引变的供电范围时，牵引变基本处于空载状态；当机车滑进牵引变的供电臂时，需牵引变立刻提供与机车匹配的有功功率和无功功率；机车离开牵引变的供电范围时，牵引变又迅速进入空载状态：表现为明显的阶梯状动态无功功率需求。TSC 型 SVC 响应速度快，负荷空载或轻载时会退出运行，有功功率损耗非常小，设备占地面积小，在这类负荷的无功补偿中更占优势。

（2）无功需求无规则较缓慢变化的负荷。该类负荷对无功补偿的响应速度要求不高，以多馈线变电站的无功补偿为例，尽管某一路馈线负荷的无功功率可能变化频繁，但考虑到各馈线的相互弥补作用，特别是在各馈线负荷都进行分散无功补偿的情况下，母线的无功功率发生瞬间大幅度变化的情况可能并不多。MCR 型 SVC 可以很好地满足这方面的要求。

（3）以提高电网运行稳定性为目的的 SVC。电网中负荷种类多、数量大，且运行状态各不相同。特别是由于系统庞大，发生各种故障的概率也大。为了改善因用电负荷的运行状态变化和各种故障造成的电网运行隐患，在关键位置安装 SVC，能大幅提高电网运行稳定性。当控制器监测到电网存在运行隐患时，迅速改变 SVC 的等效阻抗，从而改变电网系统阻抗，使其远离故障隐患的阻抗点，提高系统运行稳定性。以提高电网运行可靠性为目的的 SVC 要求其具备快速响应的能力并且其阻抗连续可调。

第五节　SVG

伴随着大功率可关断器件的发展，IGBT、集成门极拒流晶闸管（integrated gate commutated thyristors，IGCT）、门极可关断晶闸管（gate‐turn‐offthyistor，GTO）、电子注入增强栅晶体管（injection enhanced gate transistor，IEGT）等全控器件的电压和电流参数及特性越来越理想，SVG 技术也逐步成熟和推广。

一、SVG 原理

虽然在运行的 SVG 存在多种拓扑结构，但从原理上讲，都是以电压源型逆变器为核心，通过连接电抗器或变压器接入系统。图 2‐15 为 SVG 的原理图。

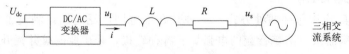

图 2‐15　SVG 原理图

其中，直流侧为电解电容、膜电容或超级电容等储能元件，为 SVG 提供直流电压支撑；电压源型逆变器通常由多个逆变桥串联或并联而成，其主要功能是将直流电压变换为交流电压，逆变器输出交流电压的大小、频率和相位可调；连接电抗器或连接变压器是逆变器输出的电压与系统电压之间的纽带，调整两者之间的电压差，可以控制通过连接电抗器或连接变压器的电流，从而控制装置输出的无功。

设定 SVG 逆变器输出电压为 U_I（采用连接变压器时需归算到接入点的系统侧），U_s 为系统侧相电压，连接电抗为 X，忽略连接电阻，SVG 工作过程如图 2-16 所示。

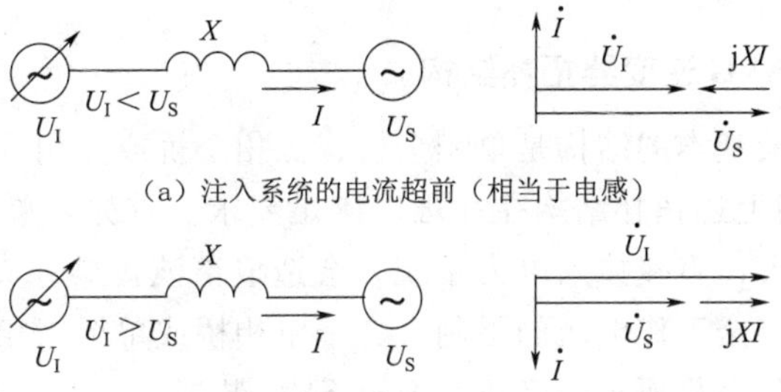

(a) 注入系统的电流超前（相当于电感）

(b) 注入系统的电流滞后（相当于电容）

图 2-16　SVG 工作过程

当 $U_\text{I}<U_\text{s}$ 时，SVG 向系统注入超前于系统电压的电流，即向系统注入的无功功率 $Q<0$，此时，SVG 运行在电感模式，相当于电感；当 $U_\text{I}>U_\text{s}$ 时，SVG 向系统注入滞后于系统电压的电流，即向系统注入的无功功率 $Q>0$，此时，SVG 运行在电容模式，相当于电容。通过平滑调节 U_I 与 U_s 之间的电压差，可以使 SVG 的无功出力在最大感性无功和最大容性无功之间平滑调节。

二、SVG 特点

与传统的并联电容器、高压无源滤波器和各类 SVC 相比，SVG 有如下特点：

1. 优点

（1）在提高系统的暂态稳定性、阻尼系统振荡等方面，SVG 的性能大大优于传统装置。

（2）控制灵活、调节范围广，在感性和容性运行工况下均可连续快速调节，理论上响应速度可小于 10ms。

（3）电容器只是起到直流支撑和能量交换的作用，这使得 SVG 的体积小、损耗低。

（4）连接电抗小。SVG 接入电网的连接电抗，其作用是滤除电流中存在的较高次谐波，另外起到将变流器和电网这两个交流电压源连接起来的作用，因此所需的电感量并不大，远小于补偿容量相同的 TCR 等 SVC 装置所需的电感量，如果使用降压变压器将 SVG 连入电网，则还可以利用降压变压器的漏抗，使所需的连接电抗器进一步减小。

（5）对系统的电压支撑作用好。SVG 产生的无功电流基本不受系统电压的影响，即使系统电压降低，它仍然可以维持最大无功电流。

（6）与 SVC 相比，SVG 向电网注入的谐波电流更小。SVG 可以采用桥式交流电路的多重化技术、多电平技术或 PWM 技术来提升等效的开关频率，减少谐波电流的输出。

（7）SVG 为电压源型逆变装置，接入系统后不会改变系统的阻抗特性，不会导致系统谐振的产生。

2. 缺点

（1）SVG 的价格相对较高。SVG 的逆变器需要采用可关断器件，而高电压、大功率的可关断器件的价格较高，同容量的高压 SVG 成本比高压 SVC 成本高很多。

（2）由于 IGBT 器件的电压电流特性所限，使用 IGBT 的 SVG 对系统冲击的耐受能力要比 SVC 差。

三、高压大容量 SVG 逆变器拓扑结构

电压源型逆变器最基本的结构是单相全桥、三相全桥或三相半桥结构，在高压大容量 SVG 中，直接采用上述拓扑结构往往难以满足要求。首先，单相桥（或三相桥）电路输出电压谐波含量大，直接接入电力系统，会造成谐波污染；其次，由于受到 IGBT 等开关器件的容量和安全工作电压的限制，三个单相桥或单个三相桥还不能构成真正满足电力系统谐波要求与容量要求的高压大容量 SVG 装置。

目前，高压大容量 SVG 中提升逆变器输出电压等级和容量的方法如下：

（1）多重化技术。多重化技术是采用 2 个、4 个或者 8 个三相桥逆变器或 3 个单相桥逆变器组合使用的方法，可成倍提高装置的总容量。多重化技术的关键是多重化变压器的设计，其连接方式、不同逆变器间的移相角度、交流侧输出是并联还是串联等方面必须充分论证，充分考虑谐波、动态响应速度以及绝缘等因素。

多重化技术需要采用多重化变压器，装置体积较大。

（2）多电平技术。多电平技术是桥臂中点的输出电平有多个值，以三电平单相桥为例，如图 2-17 所示。通过控制 G1、G2、G3、G4 的开通与关断，可以使桥臂中点 L 或 R 点对 O 点输出有三个电平，即 E_d、0、$-E_d$。

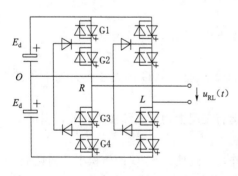

图 2-17 三电平单相桥

采用多电平技术可以有效地消除输出电压中的谐波，同时提高输出电压和容量。对于相同参数的可关断器件，采用三电平结构时逆变器的输出电压和容量可增加一倍。理论上，电平数越高，输出性能越理想，但五电平以上的电路，电路结构和控制都很复杂，直流侧电容电压的平衡控制也非常困难，整个逆变桥的复杂程度大大提高，因此实际中用得并不多，目前运行的大容量电压型逆变桥一般只采用三电平的结构。

（3）可关断器件串联技术。可关断器件直接串联技术最主要的问题是串联器件的均压、冗余和旁路问题。在研究和实际工业应用中，GTO、压接式 IGBT 和 IGCT 由于其击穿短路的特性，通常可以采用串联技术。

（4）桥臂并联技术。桥臂并联就是将两个以上的桥臂并联后作为一个桥臂使用。桥臂并联的方法是用一个带中间抽头的电抗器将两个并联桥臂的中点连接起来，电抗器中间的抽头作为并联后混合桥臂的中点。这种方法对两电平、三电平及多电平的逆变器都适用，但由于增加了电抗器，逆变器设计难度加大，实际中较少应用。

（5）逆变器并联技术。逆变器并联就是将多组逆变器并联后通过一个大容量的变压器接入系统，并联逆变器的数目可以根据系统需要的容量来确定。这种方法可以通过模块化设计，根据需求灵活地进行配置，且易于调整，方便维修。逆变器并联技术广泛应用于低压 SVG 或低压 APF。

（6）H 桥级联技术。级联技术就是将单项全桥交流侧串联起来的技术。采用链式结构的 STATCOM 装置每相都由若干单相桥串联组成，H 桥级联技术如图 2 - 18 所示。

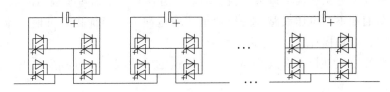

图 2 - 18　H 桥级联技术

n 个单相桥采用 H 桥级联技术，级联后的总输出电压和容量都是单个逆变器的 n 倍，而且可以对级联的每个桥采用不同的驱动脉冲，这样每个桥输出电压所含谐波大小和相位不一样，这样最终叠加而成的总输出电压谐波含量很小。级联结构广泛用于高压大容量的 SVG 中，通过模块化设计和冗余设计，可以极大地提高装置的可靠性和灵活性，另外，这种结构的 SVG 很容易进行三相独立控制，对系统电压三相不平衡和无功不平衡都有很强的适应性。

第六节　串联型无功补偿设备

电力系统串联补偿技术的基本思想是通过在输电线路上串联接入一定的设备，改变线路的静态和动态特性，从而达到改善输电网运行性能的目标。串联补偿技术是一种能够实现线路稳定极限的经济、有效的方法，在输电线路中间串联接入容性设备，能补偿线路电抗，缩小线路两端的相角差，从而提高线路稳定裕度，增加线路传输功率。串联型补偿设备原理如图 2 - 19 所示。

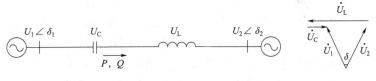

图 2 - 19　串联型补偿设备原理

串联补偿设备在电力系统中的作用主要如下：

（1）改善系统的稳定性，增加系统输送能力。串联电容器的容抗抵消线路部分感抗，相当于缩短了线路的电气距离，同时使线路两端电压的相角变小，抗干扰能力增强，从而提高了线路输电能力，提高了系统稳定水平。

（2）改善运行电压和无功平衡条件，在配电网中主要用于补偿线路的感性压降，改善电压质量。串联电容器所产生的无功与通过电容器电流的平方成正比，即串联电容对改善系统运行电压和无功平衡条件具有自适应性，与并联补偿装置相比，如需提高线路末端电压，以采用串联电容补偿设备方法较经济；如需提高系统电压水平或减少线路有功损耗，以选用并联电容补偿设备方法较宜。

（3）降低网损。由于线路损耗主要由线路电阻造成，在一定情况下，串联电容可以减少无功电流，抬高运行电压，从而减少网损。

（4）均衡潮流分布和灵活调节潮流。串联电容器相当于缩短了线路的电气距离，在由不同导线截面和不同电压线路经变压器组成的电网中，经优化后可使潮流分布合理，有利于减少线路有功损耗。

（5）经济性。串补技术在远距离、大容量输电中的应用，可减少输电线路回路数，从而节省投资。

串联无功补偿设备通常用于高压、超高压输电线路，可分为固定式常规串联补偿装置（fixed series capacitor，FSC）和晶闸管控制串联补偿装置（thyristor controlled series capacitor，TCSC）。

可控串联补偿技术是在常规固定串联补偿技术的基础上为适应电力系统运行控制的需要而发展起来的。早期的可控串联补偿器采用机械开关投切串联电容器（mechanically switched series capacitor，MSSC）来实现，它采用分段投切方式改变对线路阻抗的补偿程度。由于机械开关动作速度较慢，因此，这种补偿装置主要用于电网潮流控制。随着大功率电力电子器件技术的成熟和发展，出现了利用晶闸管控制的串联补偿技术，包括 TCSC 和晶闸管投切串联电容补偿器（thyristor switched series capacitor，TSSC）。与机械开关控制的补偿装置相比，晶闸管控制补偿装置可以实现串联补偿度的快速调节，其性能可以满足电力系统稳定控制和快速潮流控制的需要。与 MSSC 和 TSSC 相比，TCSC 具有阻抗连续可调节的优秀性能，因此，该项技术一经提出，就受到了电力工业界和电力系统研究人员的广泛关注。

SSSC 是近年来提出的一种新的串联补偿装置，是在 TCSC 基础上进行技术革新后产生的新一代技术。它是由高压大容量可关断器件构成的电压源型 DC/AC 换流器为基本结构搭建，通过向线路插入一个串联同步电压来对输电线路进行动态串联补偿。SSSC 输出电压基波分量的频率要求与系统的频率相同，且它的相位应与线路中电流的相位正交。这样，通过改变输出电压的幅值就改变了 SSSC 的补偿度，改变输出电压的极性就改变了 SSSC 的补偿性质。SSSC 具有优良的动态性能，可以不需要用任何交流电容器或电抗器在线路内产生或吸收无功功率，对次同步振荡及其他振荡问题具有固有的抗干扰能力，并具有适应单相重合闸时非全相运行状态的能力。2018 年，国内首套

SSSC 在天津投运。

本节主要介绍 TCSC 型补偿设备和 SSSC 型补偿设备。

一、TCSC 型补偿设备

1. TCSC 基本结构

TCSC 具有结构简单、控制灵活和容易实现的特点，因此是一种较早投入工业应用的 FACTS 装置。包含 FSC 和 TCSC 的串联补偿装置如图 2-20 所示。它由一组固定容量的串联电容器和一个 TCSC 组成。工程上常常采用这样的组合实现输电线路阻抗的可控串联补偿，有的 TCSC 是通过将现有固定串联电容补偿装置中的一部分改造为 TC-SC 来完成的。

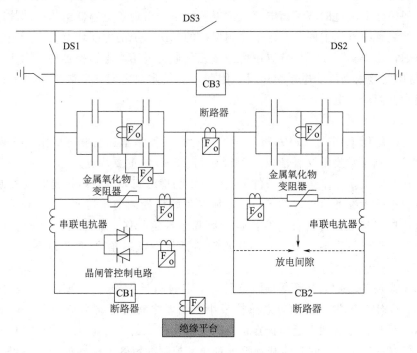

图 2-20　包含 FSC 和 TCSC 的串联补偿装置

整个 TCSC 装置的一次设备由主电路模块、操作控制模块和测量模块等三部分组成。

图 2-20 中，断路器 CB3 及隔离开关 DS1、DS2 和 DS3 构成了装置的操作控制模块，它通过一定的开关顺序控制操作，实现整个装置安全可靠地投入和退出运行，CB1 还可以兼作紧急状态下装置的二级保护。

主电路模块包括固定串联电容器和 TCSC。固定串联电容器用于瞬态电容器过电压保护的金属氧化物变阻器（metal oxide varistor，MOV）和间隙保护元件，以及用于投切固定串联电容器的旁路断路器 CB2。旁路断路器 CB2 支路上设置用于限制电容器放电电流的阻尼电抗器。和固定串联补偿电路结构相比，TCSC 主电路子模块增加了一个双向 TCR 支路。电抗器用于控制 TCSC 的阻抗，其参数对于 TCSC 装置的阻抗调节特性具有重要的影响，同时也兼作 TCSC 旁路断路器支路的阻尼元件。该 TCSC 电路省去了在固定串联电容补偿中采用的间隙保护元件，这是因为在 TCSC 晶闸管控制方式下，可以快速实现电容器的保护。在实际工程应用中，可以有多个固定串联补偿子模块和 TCSC 子模块串联组成整个串联补偿装置。

测量系统的任务是为装置工作状态的监测控制和保护提供实时有效的信息，因此，所有与装置工作特性以及保护功能相关的变量都需要由该模块进行测量。用于装置控制功能的输电线路电流、母线电压，以及用于装置保护功能的电容器两端的电压和支路中的电流、电容器组间的不平衡电流、MOV 支路电流和晶闸管支路电流等都是需要测量的电气量。由于电容器的接线采用四组相同的电容器组按照桥型方式连接，其电容参数等效于一组电容器的参数。这样连接的目的是为了方便地实现电容器组的故障监测。通过检测中间桥路上流过的不平衡电流就可以监测是否出现了电容器组的内部故障。测量系统是连接装置中电气主回路和用于控制保护的二次系统的中间环节，出于绝缘和电气隔离的考虑，工程实际 TCSC 装置中的测量元件通常采用光电转换器件。由于整个 TCSC 装置将串联接入高压输电系统运行，因此，必须监视主回路安装平台对大地的绝缘状态，通常监测泄漏电流。

2. TCSC 运行特性

TCSC 具有 BLOCK、BYPASS 以及微调运行三种基本运行模式。阻抗微调运行模式是 TCSC 区别于常规串联补偿以及 MSSC 和 TSSC 的重要特点。

(1) 在恒定正弦电流激励的条件下，TCSC 的稳态工频等效阻抗是触发控制角的函数。以电容电压为参考信号，TCSC 触发延迟角的理论调节范围是 $90°\sim180°$。在该范围内 TCSC 的稳态阻抗特性分为容性运行区和感性运行区。感性运行区和容性运行区之间的转换要经过一个谐振点。与谐振点对应的触发延迟角决定于 TCSC 装置的电感和电容参数。

(2) 单模块 TCSC 的基频等值阻抗具有一定的调节范围。BLOCK 运行模式下等效容抗最小；BYPASS 模式时的等效感抗最小。两者之间的电抗数值为 TCSC 的不可能运行区域。另外，考虑到靠近谐振点运行时会产生过大的工作电压和电流，以及由于运行在这个区域时，TCSC 的等值基频阻抗对触发控制的精度敏感性加剧，而可能导致的触发不稳定性问题，稳态情况下必须限制触发控制角。在感性运行区必须确定一个最大触发延迟角，在容性运行区必须确定最大触发越前角。

(3) 由于电容器额定电压参数的限制，实际运行时 TCSC 的阻抗控制范围与线路电流的大小有关。线路电流小于最大连续工作电流时，电流值越小，TCSC 阻抗在容性运行区的可控运行范围越宽。

(4) 与常规固定串联补偿一样，TCSC 也可以运行在短时过负载状态。通过晶闸管控制可以使 TCSC 主动运行于短时过载状态，这是 TCSC 区别于固定串联补偿设备只能被动地承受过负荷的一个重要特点。

(5) 在晶闸管旁路运行状态下，TCSC 甚至可以连续承受几倍于额定电流的故障电流。其承受能力与电容器和电抗器的工频电抗比值有关。因此故障状态下通过晶闸管控制保持 TCSC 并网运行，可以保证在故障恢复过程中快速将 TCSC 转换到所需的运行模式，使之按照有利于系统稳定的目标运行。

（6）TCSC 的工作特性表示了各种不同负载情况下 TCSC 的运行调节范围。影响 TCSC 工作特性的主要因素包括电容的额定电压、电抗器和晶闸管的额定电流以及晶闸管脉冲触发精度。TCSC 的工作特性常用 $U-I$ 和 $X-I$ 关系曲线来表示。从 $X-I$ 关系曲线可以直观地根据线路工作电流确定 TCSC 运行电抗可控范围。

（7）单模块 TCSC 容性和感性阻抗之间存在着阻抗调节断层。为了满足电力系统对于阻抗调节的平滑性要求，可以采用多模块组合的结构。多模块结构扩大了 TCSC 的阻抗调节范围，提高了阻抗平滑调节性能。

二、SSSC 型补偿设备

1. SSSC 工作原理

SSSC 是基于可关断器件的静止型补偿器，核心是一个带直流储能电容的电压源型逆变器（voltage source inverter，VSI），SSSC 基本结构如图 2-21 所示。它主要是由逆变器、直流环节（储能电容器或直流电源）、控制器、耦合变压器组成。图 2-21 中，U_1 是系统端电压，U_2 是负荷端电压，U_S 是 SSSC 的注入补偿电压，I 是线电流。SSSC 产生幅值和相角可控的三相正弦注入电压（它的相位在 $0°\sim360°$ 之间可调），注入电压大小不受线路电流或系统阻抗的影响，且与线路电抗压降相位相反（容性调节）或相同（感性调节），可以起到类似串联电容或串联电感的作用。

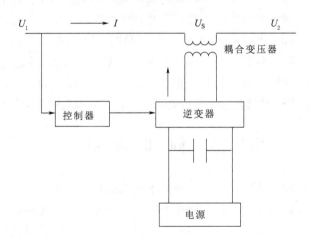

图 2-21 SSSC 基本结构

含 SSSC 的等效系统图如图 2-22 所示。假设系统潮流方向是 A→B，即 U_1 是发送端电压值，U_2 是受端电压值，X_L 是线路阻抗值，SSSC 等效为一同步交流电源，输出电压值为 U_S，当 SSSC 注入的可控电压与线路电抗

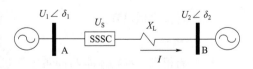

图 2-22 含 SSSC 的等效系统图

上的压降相位相反（容性补偿）或相同（感性补偿），可起到类似串联电容或电感的作用。容性补偿时，注入电压滞后线路电流 $90°$，使得线路输送功率能力提高；感性补偿时，注入电压超前线路电流 $90°$，减小线路输送功率。当容性补偿时有功功率随注入电压值 Us 增加而增加，感性补偿时有功功率随注入电压值 Us 增加而减小。

2. SSSC 技术特点

SSSC 具有潮流控制能力强、响应速度快、补偿能力不受线路电流大小影响等特点，附加控制阻尼可以抑制功率振荡或次同步振荡。

采用 SSSC 可以灵活控制线路潮流，大幅提高线路功率传输极限，且其功率控制的快速响应和附加阻尼控制能更好地适应新能源出力随机性、波动性的特点，是提高电网弱送端、远距离输电走廊输送容量并增强系统安全稳定性的有效手段。

SSSC 具有容性和感性双向补偿、结构简单、占地面积小等优势，适合对运行灵活性、可靠性、占地面积等要求较高的大中型城市电网。

电网正常运行方式下，SSSC 对线路进行等效容性补偿，根据系统需要提高线路输送容量；电网发生 $N-1$ 情况下感性补偿，SSSC 调节线路潮流避免过载；电网暂态过程中，SSSC 通过控制产生附加阻尼力矩，抑制振荡，改善电网稳定性。

相较于晶闸管控制串联电容补偿器（thyristor controlled series compensation，TCSC）、统一潮流控制器（unified power flow controller，UPFC）等其他可实现串联补偿的装置，SSSC 在上述技术需求场景中具有显著优势。TCSC 通常只能进行容性补偿，调节性能相对较差，且存在占地面积较大、成本高等不足。UPFC 适用于多种补偿需求同时存在的场合，采用串并联混合结构，串并联侧换流器采用共用直流母线的三相模块化多电平换流器（modular multilevel converter，MMC）拓扑结构，占地面积和成本较高。因此，在并联补偿需求并不迫切的 220kV 电网中，更宜采用 SSSC 进行潮流控制。SSSC 可采用基于分相结构的 H 桥链式拓扑，相对于 MMC 拓扑结构而言，所需的器件数量更少，经济性能更佳，尤其是结构紧凑、占地面积小，在城市电网中应用更具优势。

第七节　同步调相机

同步调相机又称同步补偿机，是一种处于特殊运行状态下的同步电机。当应用于电力系统时，能根据系统的需要，自动地在电网电压下降时增加无功功率，在电网电压上升时吸收无功功率，以维持电压，提高电力系统的稳定性，改善系统供电质量。同步电机运行于电动机状态，不带机械负载也不带原动机，只向电力系统提供或吸收无功功率，用于改善电网功率因数，维持电网电压水平。

一、同步调相机特点

1. 结构特点

同步调相机的结构基本与同步电动机相同，但由于它不带机械负载，故转轴较细。由于同步调相机经常运行在过励状态，因此励磁电流较大，损耗也比较大，发热比较严重，容量较大的同步调相机常采用氢气冷却。

2. 无功补偿特性

同步调相机作为一种最早采用的无功补偿设备，具有跟踪速度快（能抑制闪变或冲击）、补偿范围广（容性、感性均可）、故障率低等优点。另外，它还具有调整电压平滑、单机容量大等优点，可以有效支撑电网电压和提高电网的稳定性。但是，调相机存在运行维护比较复杂、有功功率损耗较大、运行噪声较高、小容量调相机单位容量投入费用较高等缺点。因此，同步调相机宜作为大容量集中补偿装置，通常容量大于10MVA，多装设在枢纽变电站、换流站以及受端变电站或换流站。

3. 冷却方式

调相机的冷却方式有蒸发冷却、双水内冷及全水冷、水氢冷却、全氢冷及空冷等方式。

瑞士 BBC 公司认为，小于 70MVA 采用空气冷却；50～200MVA 采用氢冷；150～500MVA 采用水冷或油冷（高寒户外场合宜用油冷）。瑞典 ASEA 公司认为，小于50MVA 采用空冷；60～300MVA 采用氢冷；大于 300MVA 采用水冷。日本富士公司认为，小于 80MVA 用空冷；60～300MVA 采用氢冷；大于 300MVA 采用水冷。

近年来，随着空冷技术的发展，特别是 200～500MVA 空冷汽轮发电机的成功投运，空冷在调相机中的应用范围必将扩大，300MVA 级调相机亦可采用空气冷却。

二、同步调相机应用场景

同步调相机目前主要应用在如下方面：

（1）控制电压的大幅偏移。

（2）在 HVDC 的终端作为动态无功支持。同步调相机是一种优良的动态无功补偿装置，是大型电网首选的无功补偿设备。同步调相机在 20 世纪 90 年代前曾得到长足发展，最大容量达 350MVA，冷却方式各不相同，结构上异彩纷呈。

近年来，为了应对高压直流输电和新能源接入电网带来的无功调节问题，对大型同步调相机的研制提出了紧迫要求：一方面要充分吸取过去大型调相机研制所积累的经验教训；另一方面应注意吸收近 30 多年来大型同步电机的研究成果（如大型空冷汽轮发电机的研究成果）。同时针对现代电力系统局部电压不稳、区域性电压凹陷等对同步调相机提出的新要求，应全面把握现代大型同步调相机的新特点。

第八节 小 结

本章主要介绍了目前电力系统中常用的无功补偿设备或技术，随着工业自动化进程的推进，会有各种不同的无功补偿需求出现，随着电力电子器件的发展和控制技术的进步，也会有不同的无功补偿技术来适应这些无功需求。篇幅所限，本章并未介绍实际工作中罕见的其他无功补偿设备。

无功补偿设备对照表见表 2-2，表 2-2 简单归纳了各类无功补偿设备现阶段的特性和特点，随着技术的进步，各类设备的性能也会逐步提高。

表 2-2   无功补偿设备对照表

名称	缩写	工作原理	技术指标	优　点	缺　点
同步发电机/调相机		欠励磁运行，向系统发出有功吸收无功，系统电压偏低时，过励磁运行提供无功功率将系统电压抬高		可双向/连续调节；能独立调节励磁、调节无功功率，有较大的过载能力	损耗、噪声都很大，设备投资高，启动/运行/维修复杂，动态响应速度慢，不适应太大或太小的补偿，只用于三相平衡补偿，增加系统短路容量
机械投切电容器	MSC	用断路器/接触器分级投切电容	投切时间10～30s	控制器简单，市场普遍供货，价格低，投资成本少，无漏电流	不能快速跟踪负载无功功率的变化，而且投切电容器时常会引起较为严重的冲击涌流和操作过电压，这样不但易造成接触点烧焊，而且使补偿电容器内部击穿，所受的应力大，维修量大
机械投切电抗器	MSR	并联在线路末端或中间，吸收线路上的充电功率	补偿度60%～85%	防止长线路在空载充电或轻载时末端电压升高	不能跟踪补偿，为固定补偿
自饱和电抗器	SSR	依靠自饱和电抗器自身固有的能力来稳定电压，它利用铁芯的饱和特性来控制发出或吸收无功功率的大小	调整时间长，动态补偿速度慢	动态补偿	原材料消耗大，噪声大，振动大，补偿不对称电炉负荷自身产生较多谐波电流，不具备平衡有功负荷的能力，制造复杂，造价高
晶闸管投切电容器	TSC	分级用可控硅在电压过零时投入电容，在380V低压配电系统中应用较多	响应时间10～20ms	无涌流，无触点，投切速度快，级数分得足够细化，基本上可以实现无级调节	晶闸管结构复杂，需散热，损耗大，遇到操作过电压及雷击等电压突变情况下易误导通而被涌流损坏，有漏电流
复合开关投切电容器	TSC+MSC	分级先由可控硅在电压过零时投入电容，再由磁保持交流接触器触点并联闭合，可控硅退出，电容器在磁保持交流接触器触点闭合下运行	响应时间0.5s左右	无涌流，不发热，节能	使用寿命短，故障较多，有漏电流

名称	缩写	工作原理	技术指标	优 点	缺 点
晶闸管控制电容器	TCC	采用同时选择截止角 β 和导通角 α 的方式控制电容器电流，实现补偿电流无级、快速跟踪	响应时间20ms	价格低廉，效率非常高	产生谐波
晶闸管阀控制高阻抗变压器	TCT	通过调整触发角的大小可以改变高阻抗变压器所吸收的无功分量，达到调整无功功率的效果	阻抗最大为85%	和 TCR 型类似	高阻抗变压器制造复杂，谐波分量也略大一些，价格较贵，不能得到广泛应用
晶闸管投切电抗器	TSR＋FC	分级用可控硅作为无触点的静止可控开关投切电抗器	功率因数0.95	不会产生谐波，而且响应速度快，不会产生冲击电流	分级多成本高，制造复杂，维护繁琐
晶闸管控制空芯电抗器	TCR	通过调整触发角的大小就可以改变电抗器所吸收的无功分量，达到调整无功功率的效果	响应时间40ms	可以实现较快、连续的无功功率调节，具有反应时间快、运行可靠、无级补偿、可分相调节、能平衡有功、适用范围广的特点	结构复杂，损耗大，任何一只可控硅整流器（silicon controlled rectifier, SCR）击穿，都会使晶闸管整体损坏；对冷却要求严格，设备造价、建设施工及运行维护费用很高，对维护人员要专门培训以提高维护水平；占地面积大，产生谐波等
磁控可调电抗器	MCR	采用直流励磁原理，利用附加直流励磁磁化铁芯，改变铁芯磁导率，实现电抗值的连续可调，改变电抗器感抗电流，以投入的电抗器感性无功容量变化来补偿系统容性无功	响应时间一般大于300ms	功率因数达到 $0.90\sim0.99$ 的要求，无功补偿容量自动无级调节，不产生谐波，可靠性高，维护简单，使用寿命长，应用电压等级广泛	相对于 TCR 型 SVC，其谐波水平、有功损耗、占地面积小，但调节时间长，成本高，温升和噪音是需要控制的。SVC 是阻抗型补偿装置，对系统参数很敏感，当 SVC 参数配置不合理或者运行一段时间后系统参数发生变化时，很容易引起系统谐振或谐波电流放大，谐振或谐波电流放大不仅危害 SVC 自身的设备安全，对系统其他设备的安全也是隐患

名称	缩写	工作原理	技术指标	优　点	缺　点
新型静止无功发生器	SVG	动态补偿装置SVG是基于大功率逆变器的动态无功补偿装置，它以大功率三相电压型逆变器为核心，其输出电压通过连接电抗接入系统，与系统侧电压保持同频、同相，通过调节其输出电压幅值与系统电压幅值的关系来确定输出功率的性质，当其幅值大于系统侧电压幅值时输出容性无功，小于时输出感性无功	响应时间小于10ms，从容性无功到感性无功连续平滑调节	去除较低次的谐波，并使较高次的谐波限制在一定范围内；使用直流电容来维持稳定的直流电源电压，和SVC使用的交流电容相比，直流电容量相对较小，成本较低；另外，在系统电压很低的情况下，仍能输出额定无功电流，而SVC补偿的无功电流随系统电压的降低而降低。（占地面积小，安全性高。SVG是电流可控型，对系统参数不敏感，安全性与稳定性较好，不会发生谐波放大的情况，根据需要，还可以补偿谐波电流，起到抑制谐振的效果）	控制复杂，成本高，35kV以上系统没有产品
有源电力滤波器	APF	由电力电子元件和DSP等构成的电能变换设备，检测负载谐波电流并主动提供对应的补偿电流，补偿后的源电流几乎为纯正弦波，其行为模式为主动式电流源输出	响应时间小于300μs	可动态滤除各次谐波	有源滤波器不受系统阻抗变化、频率变化、负载增加的影响
无源电力滤波器		由LC等被动元件组成，将其设计为某频率下极低阻抗，对相应频率谐波电流进行分流，其行为模式为提供被动式谐波电流旁路通道		只能滤除固定次数的谐波，但完全可以解决系统中的谐波问题，解决企业用电过程中的实际问题，且可以达到国家电力部门的标准	无源滤波器一般只能滤除某阶次谐波，且要求系统相对稳定。使用于系统谐波单一，负荷稳定的场景。无源滤波器受系统阻抗影响严重，存在谐波放大和共振的危险。受频率变化的影响无源滤波器谐振点偏移，效果降低，无源滤波器补偿效果随着负载的变化而变化

无功补偿设备控制技术

决定无功补偿设备性能的关键因素之一是无功补偿设备控制技术。无论何种无功补偿设备，其控制策略都可以分为系统级控制策略、装置级控制策略和器件级控制策略三个层级的策略。

（1）系统级控制策略是实现装置控制目标的策略，包括功率因数控制、电压控制、不平衡控制等。串联型无功补偿设备与并联型无功补偿设备的系统级控制策略不同，串联型无功补偿设备的系统级控制策略适用于所有的串联型无功补偿设备，并联型无功补偿设备的控制策略适用于所有的并联型无功补偿设备。系统级控制策略是本章介绍的重点。

（2）装置级控制是指无功补偿为了实现系统级控制策略，根据装置自身的拓扑、参数和特点选择的对于装置行为的控制策略。通常情况下，装置级的控制策略对应的是无功补偿设备的具体拓扑结构，例如 TCR 型 SVC 与 SVG 的装置级控制策略不同，且同一种类型的无功补偿设备，不同厂家采用的装置级控制策略也会有所差异。由于实际应用中，装置级控制策略一般不对用户开放，且每一种设备都有自己的控制策略，难以用有限的篇幅进行准确全面的描述。因此，本章只简单介绍各类无功补偿设备装置级控制策略典型的内容和目标，仅供学习参考。

（3）器件级控制策略是无功补偿设备为了实现系统级控制策略和装置级控制策略而针对器件、部件或组件的控制策略。器件级控制策略属于设备设计者或生产商对装置组成部分的控制方法和测量，通常对应无功补偿设备的某一类组件，比如晶闸管阀组和电压源型逆变器。和装置级控制策略一样，本章对器件级控制策略，也只是简单介绍典型的内容和目标。

对于控制器硬件结构，各类无功补偿设备以及不同厂家的无功补偿设备都不尽相同，本章以 SVG 为例，介绍通常高压大功率无功补偿设备控制器的典型硬件结构。

本章第一节介绍无功补偿设备控制策略所涉及的基础控制理论，主要是瞬时无功理论。第二节以 SVC 为例，介绍并联型无功补偿设备的系统级控制策略。第三节以 TC-SC 为例，介绍串联型无功补偿设备的系统级控制策略。第四节简单介绍各类无功补偿设备装置级和器件级控制策略。第五节以 SVC 和 SVG 为例，简单介绍无功补偿设备的控制电路硬件组成。

第一节　瞬　时　无　功　理　论

传统电力系统的交流电流和电压的有效值、有功功率、无功功率的概念都是建立在工频周期平均值的基础上，它们只能表征对应电气量在一周期内变化的情况。电力系统的各种传统装置响应速度多在数十毫秒到秒级，基于电力电子开关的补偿装置时间常数则在毫秒级。例如，高压 SVG 等基于 IGBT 等可关断器件的高压无功补偿设备的响应时间通常为几毫秒，有源电力滤波器等低压设备的响应时间约为 1ms。

因此，传统的有功、无功定义对于响应时间小于一周期的装置，无法准确地描述装置在小于一个工频周期的时间内有功功率和无功功率的变化。为了准确描述小于一个工频周期的装置状态，需要有一组时间基准更短的量来描述装置的状态变化。

一、瞬时无功理论

为了快速计算无功功率，从而对其进行快速补偿，瞬时无功理论是在 1983 年由日本研究员赤木泰文等人首次提出。瞬时无功理论打破了传统的以平均值为基础的功率定义，全面而具体地定义了瞬时实功率和瞬时虚功率等功率理论，在一定程度上解决了非正弦条件下定义功率因数等的相关难题，将有功功率、无功功率等以周期为基础的概念推广为瞬时值概念。

赤木泰文等提出的瞬时无功理论只考虑三相三线制的情形，将三相电压和电流变换为分量，而且其值的大小与采用传统有功功率和无功功率计算的结果相同，但这种计算结果是假定电压和电流均为基波正序时得到的。该理论在不平衡电路和非线性电路中的物理意义有明显的缺陷，因此瞬时无功理论在几十年来不断地完善和发展着。瞬时无功理论以坐标变换为基础，经过相关学者的进一步研究后提出了瞬时有功电流、瞬时无功电流等瞬时量的概念。

由于瞬时无功理论在计算速度和检测速度方面的优势，基本所有现有的可控型无功补偿设备和谐波治理设备都以此理论为基础，可以快速准确地检测到瞬时无功电流，并计算出所需补偿的无功功率，最终得到的等效补偿导纳。

瞬时无功理论的核心是坐标变换，坐标变换的实质就是将空间旋转矢量投影到不同的坐标系中，空间旋转矢量既可以是三相电压，也可以是二相电流，经过多年来的研究及应用，衍生出了许多新的坐标变换体系。例如，三相静止坐标系变换为两相静止坐标系即 $\alpha\beta$ 坐标系以及反变换（也称 pq 变换）；三相静止坐标系变换为两相同步旋转坐标系即 dq 坐标系以及反变换；两相静止坐标系变换为两相同步旋转坐标系以及反变换；基于 dq 坐标变换的 i_d-i_q 变换。其中，基于 dq 坐标变换的 i_d-i_q 变换可以在不平衡和非线性系统中快速检测出基波无功电流分量，在无功补偿设备的控制策略中广泛应用。

二、基于 dq 坐标变换的 i_d-i_q 变换

i_d-i_q 坐标变换检测无功电流时，只需要用到系统电压的相位而不会使用幅值，电网电压畸变或不平衡不会对其精度造成影响，检测精度更高，因此应用的范围很广。i_d-i_q 坐标变换过程需要经过两种坐标变换：Park 变换和 Clarke 变换。利用 i_d-i_q 坐标变换可以计算出系统的基波正序无功分量和基波负序有功及无功分量。

Clark 变换矩阵为

$$C_{3s/2s} = \sqrt{\frac{2}{3}} \begin{bmatrix} 1 & -\frac{1}{2} & -\frac{1}{2} \\ 0 & \frac{\sqrt{3}}{2} & -\frac{\sqrt{3}}{2} \\ \frac{1}{\sqrt{2}} & \frac{1}{\sqrt{2}} & \frac{1}{\sqrt{2}} \end{bmatrix} \tag{3-1}$$

设三相电压分别为 u_a、u_b、u_c，三相电流分别为 i_a、i_b、i_c，考虑三相三线制系统中不存在零序分量，则经过 Clark 变换后的电压和电流分别为

$$\begin{bmatrix} u_\alpha \\ u_\beta \end{bmatrix} = \sqrt{\frac{2}{3}} \begin{bmatrix} 1 & -\frac{1}{2} & -\frac{1}{2} \\ 0 & \frac{\sqrt{3}}{2} & -\frac{\sqrt{3}}{2} \end{bmatrix} \begin{bmatrix} u_a \\ u_b \\ u_c \end{bmatrix} \tag{3-2}$$

$$\begin{bmatrix} i_\alpha \\ i_\beta \end{bmatrix} = \sqrt{\frac{2}{3}} \begin{bmatrix} 1 & -\frac{1}{2} & -\frac{1}{2} \\ 0 & \frac{\sqrt{3}}{2} & -\frac{\sqrt{3}}{2} \end{bmatrix} \begin{bmatrix} i_a \\ i_b \\ i_c \end{bmatrix} \tag{3-3}$$

Park 变换矩阵为

$$C_{2s/2p} = \begin{bmatrix} \sin\omega t & -\cos\omega t \\ -\cos\omega t & -\sin\omega t \end{bmatrix} \tag{3-4}$$

则

$$\begin{bmatrix} i_p \\ i_q \end{bmatrix} = C_{2s/2p} \begin{bmatrix} i_\alpha \\ i_\beta \end{bmatrix} \tag{3-5}$$

通过在正序坐标系下和负序坐标系下应用式（3-1）～式（3-5），可以计算出基波正序有功电流分量、基波负序有功电流分量、基波正序无功电流分量和基波负序无功电流分量。而这些量就是无功补偿控制策略和算法的基础。

第二节　并联型无功补偿设备的系统级控制策略

对于并联型无功补偿设备，用于系统侧时，其主要目标是通过控制无功潮流来稳定系统电压；用于负荷侧时，其主要目标是补偿负荷侧的无功缺额，提高用户接入点的功率因数，抑制无功突变引起的电压波动和闪变，并通过 FC 支路滤除谐波电流。本节以 SVC 为例，介绍并联无功补偿设备在系统侧和负荷侧的系统级控制策略。

一、SVC 用于电力系统时的系统级控制策略

近年来，随着新能源发电大规模接入，SVC 在电力系统中的应用越来越多，而 SVC 用于电力系统补偿时，补偿目标的根本就是通过无功补偿对接入点电压进行控制。在电力系统正常运行模式下，可以认为三相是对称的，因此通常采用三相对称的控制策略调整 SVC 的外特性，即它的 U-I 特性。以 TCR 型 SVC 为例，对不同的系统电压，

每个 FC 支路的外特性是固定的，而 TCR 支路电流的波形和有效值取决于电抗器的感抗和触发延迟角（α），SVC 在控制系统的指令下，按照既定策略自动地调整 α，使装置运行在 U-I 特性曲线和系统负荷曲线的交点。

在工程应用中，可以根据控制目标的不同分为不同控制模式，通常分为开环和闭环两种基本控制形式，开环控制是闭环控制的基础。

任意 SVC 在电力系统中的应用场景都可以等效为如下形式：SVC 与负荷并联运行，接在同一负荷母线上，负荷母线再通过联络变压器接入更高电压等级的系统（以下称电网）母线，控制目标是维持负荷母线的电压不变。电网短路容量相对 SVC 和负荷的容量，可以认为是无穷大，分析过程中假设电网电压恒定，联络变压器漏抗和电网等效阻抗之和（以下称系统阻抗）保持不变，为了在负荷导纳发生变化时，可以改变与之并联的 SVC 等效导纳，从而维持负荷母线上包括补偿装置在内的总导纳不变，以实现负荷母线上的电压不变。

1. 开环控制

开环控制即无反馈的控制系统，它根据被控对象的性质和控制目标，实时监视被控对象的特性变量，然后以一定的规律得出控制量并实施，由于开环系统无反馈环节，因此控制精度稍差。

SVC 应用于电力系统时，SVC 典型开环控制逻辑框图如图 3-1 所示。

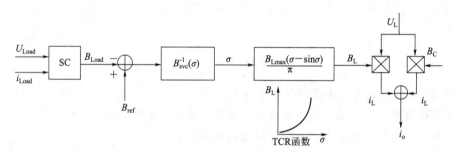

图 3-1　SVC 典型开环控制逻辑框图

如图 3-1 所示，首先，测量负荷支路的 U_{Load} 和 I_{Load}，经过导纳计算功能模块（SC），计算得到负荷的等值电纳 B_{Load}；其次，假设需要维持的负荷母线总目标导纳为 B_{ref}，则总目标导纳 B_{ref} 与负荷等值电纳 B_{Load} 的差值就是 SVC 需要表现出的等值导纳；然后，再根据预先设定好的 SVC 前馈传递函数进行非线性变换得到所需的 TCR 导通角，SVC 的前馈传递函数表征的是 SVC 的运行特性；最后，SVC 通过其 TCR 支路实现对等效导纳的调整。

开环控制的优点是，实现简单、响应迅速，SVC 的开环控制典型响应时间为 5～10ms。由于开环控制的控制精度和准确性取决于前馈传递函数的精确性，且这个前馈传递函数是既定不变的，因此在实际设备中，开环控制往往难以满足要求。首先，前馈传递函数是预先确定的，如果外部系统的特性发生了没有考虑到的变化，将得不到如设计所要求的控制效果；其次，前馈传递函数很难反映系统的动态特性，SVC 装置从得出新的触发延迟角到其导纳值的改变是需要一定时间来完成的，这在前馈传递函数中不易表达；单纯采用前馈传递函数，对于系统参数变化所引起的控制偏差没有校正能力。

因此，开环式前馈控制方法通常仅用于需要快速响应且精度要求不高的负荷补偿，如对冲击性负荷进行补偿的闪变抑制装置中。

2. 闭环控制

闭环控制就是将前馈控制与反馈控制结合起来，利用前馈环节的快速响应特性和反馈环节的精确调节特性，达到最优的补偿效果。SVC 典型闭环控制框图如图 3 - 2 所示。

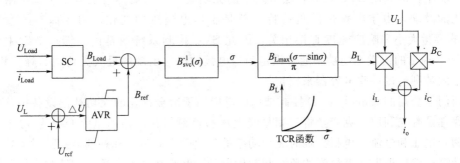

图 3 - 2　SVC 典型闭环控制框图

如图 3 - 2 所示，闭环控制系统加入了电压自动调整环节（automatic voltage regulator，AVR），总目标导纳 B_{ref} 不再是提前给定，而是由电压自动调整环节生成。当 SVC 的控制器检测到电压偏差（即负荷母线电压和参考电压之间的差值）后，按照一定的控制规律调节总目标导纳，从而改变负荷母线上总的无功电流大小，调节线路和变压器上的压降，直到被测点电压误差减小到可接受的水平为止。通常，在 AVR 环节，可以采用比例积分（proportional - integral，PI）控制或比例积分微分（proportional - integral - derivative，PID）控制。只要给定负荷母线电压的参考值，整个控制系统就能根据测量的母线电压，自动调节 SVC 的总目标导纳 B_{ref}，使得负荷母线的实际电压等于参考值，达到闭环调节的效果。

闭环控制的响应速度和稳定性是由控制环的总放大系数和调节系统的时间常数来决定的，实际应用中，需要采用适合的算法来达到响应速度和控制精度之间的平衡。

上文介绍的开环控制和闭环控制例子都是以 SVC 维持电网某一母线电压恒定为控制目标的例子，实际上，SVC 可通过采用适当的控制规律来改善电力系统各种动态和稳态性能。但无论是何种控制目标，最终都可以归结到 SVC 对母线电压或母线等效导纳的控制上。

二、SVC 应用于负荷侧的系统级控制策略

SVC 等并联型无功补偿设备在负荷侧应用非常广泛，冶金、铁路、化工等行业都有应用，这类应用的控制目标往往因为应用场景不同而不同，但最终都可以归结为对无功功率的控制。

1. 闪变抑制

大多数的高压大容量工业用电负荷，都是能够对接入点电能质量产生较大影响的冲击负荷或非线性负荷，如大功率的轧机、电焊机群、电弧炉等。此类冲击性负荷尤其是电弧炉类负荷，若接入点的短路容量相对较小，其所引起的电压波动和闪变以及三相电压不平衡会非常严重，甚至会对连接在其公共供电点的其他用户的正常用电产生影响。多年来，电压波动和闪变的抑制一直是负荷侧无功补偿的一个重要内容，在日本，用于闪变补偿的并联补偿装置的数量和容量均占到日本 SVC 装机数量和容量的一半左右。

SVC 进行闪变补偿的基本原理就是使电弧炉和 TCR 型 SVC 所吸收的无功功率之和尽可能小，即利用 SVC 实时补偿电弧炉的无功功率，从而尽可能减少接入点附近电网电压的波动。由于电弧炉的负荷特性就是工作电流急剧变化，闪变抑制的效果与SVC 的容量大小和响应速度直接相关，因此 SVC 控制系统通常由前馈环节起主要作用，SVC 输出的恒定无功功率通常设定为与电弧炉经常出现的最大无功功率峰值相等，而功率因数则通过并联电容器来校正。

西门子公司的 Simadyn-D 控制结构广泛应用于冶金行业的无功补偿设备中，它的工作原理是首先利用派克变换将三相母线电压和负荷与补偿器的电流变换为 $\alpha\beta$ 坐标系中的两相电压和电流，再根据瞬时无功功率的理论分别对负荷和补偿器的瞬时无功功率进行计算；然后根据计算得到的负荷和补偿器的瞬时无功功率，通过前馈和反馈相结合的控制电路来实现兼顾控制精度和响应速度的解决方案。这种控制结构根源上同图 3-2 描述的闭环控制一致。

2. 三相不平衡抑制

为了应对负荷的不平衡，SVC 可以通过采用不对称控制方法来加以补偿，即计算出各相需补偿导纳的大小，然后分别进行补偿。由于负荷的导纳并不容易获得，因此一般采用对称分量法，利用三相线电流和电压来表示计算所需补偿的目标导纳。从根源上讲，对负荷不平衡的补偿就是分相补偿负荷每一相的无功。

如果控制目标为接入点电压，则不宜采用三个独立的控制环分别控制三个线电压有效值的方法，这种方式响应速度慢，控制环相互之间存在耦合，计算分析存在不确定性和难度。可采用前馈与反馈相结合的闭环控制方式，首先计算出负荷电流中的正、负序分量，然后令 SVC 体现三相不对称的导纳，以抵偿三相不平衡负荷在线路中产生的负序电流分量，从而改善负荷不平衡运行对系统的影响。

三、小结

事实上，对于并联型的无功补偿装置，无论是应用于何种场景，其系统级的控制策略最终都可以归结为对补偿装置 $U-I$ 特性的控制。考虑到应用场景的不同和某些变量的不确定性，系统级的控制策略宜采用前馈控制和反馈控制相结合的闭环控制策略。

第三节　串联型无功补偿设备的系统级控制策略

对于可控串联无功补偿装置，系统级控制即稳定控制，控制目标是实现输电线路的暂态稳定控制，增加功率摇摆时的阻尼，并根据具体控制策略取不同系统变量为反馈量。

本节以 TCSC 型可控串联补偿装置为例，简单介绍其系统级控制策略。

一、开环控制

TCSC 最基本的系统级控制模式为开环阻抗控制模式，该模式主要应用于控制输电线路系统潮流，TCSC 开环控制框图如图 3-3 所示。图中，X_{ref} 为不包括串联电容器电抗的电抗参考值，X_{max}、X_{min} 为 TCSC 电抗值的上、下限，X_{des} 为 TCSC 的期望值，X_T 为 TCSC 输出的可调电抗。

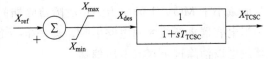

图 3-3　TCSC 开环控制框图

由图 3-3 可知，线路潮流值或稳态串补度期望值为输入信号，体现为 TCSC 的参考电抗值 X_{ref}，在 TCSC 等效阻抗最大值和最小值之间，加入一个延时环节来模拟计算和执行时间，延时环节的时间常数典型值为 15ms。经过延时环节后，输出的信号是一个电抗值，将该信号按照既定规则（即 TCSC 装置本身的特性）线性化后可得到所需的触发角，再将触发角信号传输至触发脉冲发生器。最后，由触发脉冲发生器产生触发晶闸管的触发脉冲，从而得到希望的 TCSC 等效电抗值。

二、闭环控制

开环控制精度难以保证，尤其是在系统某些参数发生变化的时候，开环控制的响应很可能不再适用。在实际设备中，更多的是采用闭环控制模式，TCSC 的闭环控制模式可以分为定电流控制、定相角控制、定功率控制、加强型功率控制和加强型电流控制。

1. 定电流控制

定电流控制就是将线路电流幅值的期望值作为 TCSC 控制器的参考基准信号，而控制目标就是维持实际线路电流在这个期望值附近较小范围内。典型的 TCSC 定电流控制模型如图 3-4 所示。

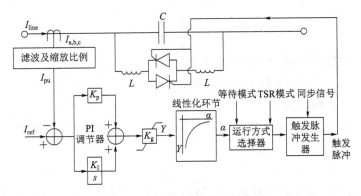

图 3-4　TCSC 定电流控制模型

图 3-4 中系统电流经过 CT 采样环节、整流环节和滤波环节后，与参考电流进行

单位归一化。参考电流和系统电流相减后输入一个 PI 型控制器，该控制器输出希望的导纳信号，并使其落在预先设定的范围之内。导纳信号经一个线性化环节转化为触发角信号。

实际应用中，由于存在线路短路情况，通常采用一个运行模式选择器来保护 TCSC 设备。在短路情况下，当流过 MOV 的电流超过阈值时，TCSC 将被切换到晶闸管旁通模式即 TSR 模式。在这种模式下，晶闸管全导通，使 TCSC 的电压和电流大大减小，从而减小了 MOV 上的应力。在故障清除期间，执行晶闸管闭锁模式（等待模式）。因为当电容器重新接入到电路中时，会产生一个直流电压偏移，而在等待模式下可使电容器放电以消除这个直流电压偏移。

2. 定相角控制

在其他补偿支路（比如固定串联补偿）与 TCSC 补偿支路并联的情况下，常选择定相角控制算法。当系统处于暂态或系统紧急运行状态时，该控制算法的目标就是保持与 TCSC 支路并联的其他支路中潮流保持不变，同时允许 TCSC 补偿支路中输送功率发生变化。为了保持并联通道中的潮流不变，该控制方法必须保持并联线路两端相角差恒定，故将其命名为定相角控制，TCSC 定相角控制框图如图 3-5 所示。

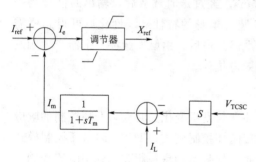

图 3-5 TCSC 定相角控制框图

假定线路两侧电压大小可调节，那么，保持线路两侧相角差恒定即保持线路电压降 V_L 恒定。

若忽略线路电阻，则可将控制目标表示为

$$V_L = I_L X_L - V_{TCSC} = V_{Lref} \tag{3-6}$$

也即

$$I_L = \frac{1}{X_L}(V_{Lref} + V_{TCSC}) \tag{3-7}$$

$$I_{ref} - \left(I_L - \frac{V_{TCSC}}{X_L}\right) = 0 \tag{3-8}$$

式中　V_{Lref}——线路电压降参考值，为常数；

　　　　I_L——TCSC 补偿支路中的电流幅值；

　　　　X_L——线路电抗值；

　　V_{TCSC}——TCSC 支路两侧电压，容性电压为正值，感性电压为负值；

　　　　I_{ref}——线路电流参考值。

3. 定功率控制

定功率控制采用瞬时无功理论，线路功率是通过测量当地电压、电流信号，再经 $abc—\alpha\beta$ 变换后所得，经过计算将所得功率值转化为标幺值，参考信号 P_{ref} 为受 TCSC 补偿的线路的有功功率期望值；功率控制采用 PI 控制。

TCSC 定功率控制器作为慢速控制器可阻尼功率振荡或次同步振荡。若为提高控制器速度而减小功率控制器的时间常数 T_P，则会导致响应振荡，通常 T_P 取 100ms。

4. 加强型功率控制

TCSC 定功率控制策略响应速度慢，在一定程度上延长了故障后系统的恢复时间，因此这种控制策略对电力系统存在潜在危害。改进的 TCSC 功率控制策略结合了功率控制和电流控制两者的优点。该控制器由一个快速的内电流控制回路和一个慢速的外功率控制回路组成，功率控制回路为电流控制回路提供电流参考值，这样既能保证 TCSC 对系统故障迅速响应，又能应对机电振荡慢速响应。

5. 加强型电流控制

为了改善某些振荡模式的阻尼，如次同步谐振，在 TCSC 控制策略中还可以插入经优化的线路电流微分反馈环节，构成加强型电流控制。在该控制系统中，电压调节器是一个简单的 PI 控制器，对应于线路串联补偿所有变化范围，优化后电流控制器可以成功阻尼次同步谐振；而传统电流控制器对 SSR 的阻尼效果十分有限。

第四节　无功补偿设备的装置级和器件级控制策略

无功补偿设备装置级和器件级控制策略一般是各种设备独有的，具有差异性，主要针对装置自身的特性和参数。无功补偿设备装置级和器件级的控制策略虽然各个设备厂家都不同，但一般对于相同类型的设备，装置级和器件级的控制策略包含的内容和控制目标类似。因此，本节内容仅以并联型无功补偿设备为例，对各类无功补偿设备装置级和器件级控制策略的内容和目标简单介绍。

可控的并联型无功补偿设备主要有四类：一是机械投切类的，包括 MSC、MSR、FC；二是饱和电抗器类的，主要包括 MCR 和 MCR 型 SVC；三是晶闸管控制类的，包括 TSC、TSR、TCC、TCR 等；四是变流器类的，包括 APF 和 SVG 等。其中，机械投切类的并联型无功补偿设备结构简单，装置级控制策略的目的只是执行系统级控制输出的指令，操作机械开关的分合，往往不涉及器件级控制策略，因此本节不展开介绍。

一、饱和电抗类的无功补偿设备

1. 装置级控制策略

以 MCR 型 SVC 为例，其装置级控制策略主要包含如下内容：

（1）执行系统级控制策略，根据系统级控制策略的输出指令，调节磁控电抗器的励磁控制回路，得到 MCR 支路目标导纳值。

（2）根据系统级控制的输出指令，调整变压器有载调压分接头（如有），调节滤波器组的投入退出状态。

（3）根据用户设定的控制目标和参数，选择适当的调节传递函数。

2. 器件级控制策略

MCR 型 SVC 的器件级控制主要是指对各类组件的控制，主要包括如下内容：

（1）励磁控制回路本身的控制和对磁控电抗器的保护性控制，目的是保证装置运行的安全性。

（2）开关和分接头保护性控制，目的是在开关异常或分接头控制机构异常时保证装置运行的安全性。

（3）冷却系统的监测与控制，对于风冷系统，只是对风机启停的控制，对于水冷系统，包含对整套水冷系统的监测与控制。冷却系统的监测与控制，是装置能够安全运行的重要保障。

（4）线路或支路配置的微机保护策略响应和信息通信及响应，目的是在微机保护装置动作时，装置能够配合微机保护逻辑，保障故障不扩大，同时不对装置产生影响。

二、晶闸管控制类的无功补偿设备

1. 装置级控制策略

以应用最广泛的 TCR 型 SVC 为例，其装置级控制策略主要包含如下内容：

（1）执行系统级控制策略，根据系统级控制策略的输出指令，调节 TCR 支路导通角，得到 TCR 支路目标导纳值。

（2）根据系统级控制的输出指令，调整变压器有载调压分接头（如有），调节滤波器组的投入退出状态。

（3）根据用户设定的控制目标和参数，选择适当的调节传递函数。

2. 器件级控制策略

TCR 型 SVC 的器件级控制主要是指对晶闸管阀组和其他各类组件的控制，主要包括如下内容：

（1）对每个晶闸管阀组的均压和冗余控制，目标是保障晶闸管阀组的运行安全，通常情况下采用软硬件结合的方式实现。

（2）对 TCR 支路触发角的保护性控制，目的是在系统异常状态下保证装置运行的安全性。

（3）开关和分接头保护性控制，目的是在开关异常或分接头控制机构异常时保证装置运行的安全性。

（4）冷却系统的监测与控制，对于风冷系统，只是对风机启停的控制，对于水冷系统，包含对整套水冷系统的监测与控制。冷却系统的监测与控制，是装置能够安全运行的重要保障。

（5）线路或支路配置的微机保护策略响应和信息通信及响应，目的是在微机保护装置动作时，装置能够配合微机保护逻辑，保障故障不扩大，同时不对装置产生影响。

三、变流器类的无功补偿设备

对于 SVG 等变流器类的无功补偿装置，其装置级和器件级的控制要比前三类并联型无功补偿设备复杂得多。

1. 装置级控制策略

以 H 桥级联式 SVG 为例，其装置级的控制策略主要包含如下内容：

（1）变流器直流电压控制。对于 H 桥级联式 SVG，在暂态过程中，特别是电网不对称故障期间，容易出现直流电压失稳或不平衡，可以表现为三相换流链之间的平均直流电压不平衡和每一相换流链的每个变流器间的直流电压不平衡。直流电压的稳定是移动式 SVG 可靠运行的前提，因此一个快速有效的直流电压控制方法非常重要。

1）全局直流电压控制。全局直流电压控制的目标是三相换流链所有链节直流电压平均值等于参考值，是最顶层的直流电压控制策略。

2）换流链平均直流电压控制。换流链平均直流电压控制的目标是使每相换流链平均直流电压等于全局直流电压。

3）链节直流电压控制。链节直流电压控制的目标是使每个链节直流电压等于换流链平均直流电压。

（2）锁相控制。关于 SVG 的输出电压与电网正序电压的同步有严格要求，控制系统不仅要在稳态情况下实现同步，更需要在电网电压相位突变或频率变化的情况下，换流链输出电压能在很短的时间内跟踪并锁定电网电压的相位和频率。在暂态过程中输出电流受控，要求跟踪锁定时间尽可能短，响应速度尽可能快。

（3）根据用户设定的控制目标和参数，选择适当的调节传递函数。

（4）优化控制。控制目标是通过采用移相 PWM 等技术手段，实现换流链输出的谐波含量最小。

（5）启动过程控制。启动过程控制的目标是不对系统造成冲击和不对装置造成冲击，SVG 的启动过程相对比较复杂，通常采用预充电和软启动等方式来减小投入过程的冲击电流。

2. 器件级控制策略

H 桥级联式 SVG 器件级控制主要是针对 H 桥变流器和其他组件的控制。

（1）对每个变流器的冗余控制，目标是保障在一定数量的换流器发生故障时，装置能够正常输出。

（2）对变流器的触发控制，目的是单台换流器能够保障按指令正常输出。

（3）对变流器的保护性控制，目的是在系统异常状态下保障装置运行的安全性。

（4）开关和分接头保护性控制，目的是在开关异常或分接头控制机构异常时保障装置运行的安全性。

（5）冷却系统的监测与控制，对于风冷系统，只是对风机启停的控制，对于水冷系统，包含对整套水冷系统的监测与控制。冷却系统的监测与控制，是装置能够安全运行的重要保障。

（6）线路或支路配置的微机保护策略响应和信息通信及响应，目的是在微机保护装置动作时，装置能够配合微机保护逻辑，保障故障不扩大，同时不对装置产生影响。

第五节　无功补偿设备控制电路的硬件组成

无功补偿设备的控制策略和控制目标决定其控制器的硬件组成。控制器的硬件设计，一方面需要满足装置控制保护的需要；另一方面需要具有足够的电磁兼容能力，能够在复杂电磁环境下安全稳定运行。

无功补偿设备的控制电路差异性很大，不同类型的设备、同一类型不同厂家的设备，其控制电路差异很大。本节以 TCR 型 SVC 和 H 桥级联式 SVG 为例，简单介绍其典型的控制器硬件结构，仅供学习参考。

一、TCR 型 SVC 的典型控制器

TCR 型 SVC 的典型控制器结构一定程度上可以代表大部分晶闸管控制类的无功补偿设备，主要包括站控后台、调节单元、监控保护单元、阀基电子（valve base electronics，VBE）单元和触发单元五个部分，某厂家的 TCR 型 SVC 控制结构如图 3-6。

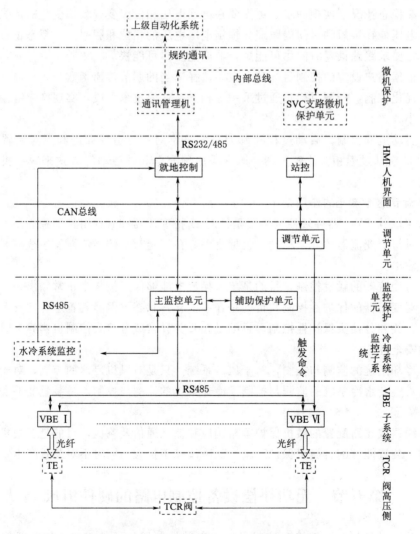

图 3-6　某厂家的 TCR 型 SVC 控制结构

图 3-6 中，上级自动化系统指的是变电站综合自动化系统或自动电压控制（auto-matic voltage control，AVC）等无功调度系统，一般根据系统情况发出无功调度或调解指令；通讯管理机的作用是进行各种通信规约的转换，在上级自动化系统、SVC 控制器和 SVC 支路微机保护之间提供数据通道；SVC 支路微机保护单元通常采用继电保护装置，用于保护 SVC 支路，同时避免 SVC 设备故障对系统造成的影响。SVC 本体控制器是图 3-6 中除上述三部分以外的部分。

1. 站控后台

SVC 站控后台功能通常是由站控服务器实现，站控后台的作用如下：

（1）提供人机交互的界面，显示 SVC 的运行状态和运行参数。

（2）与通讯管理机通信，接收来自上级自动化系统和支路微机保护的信息。

（3）上报装置关键信息给通讯管理机。

（4）设置控制保护参数和装置工作模式。

（5）部分系统级控制策略的实现。

2. 调节单元

SVC 的调节单元是其控制策略和算法实施的核心，通常包括模拟量采集单元、模拟量调理单元和调节计算单元等。调节单元的作用主要有以下几点：

（1）通过模拟量采集单元，采集系统电压和电流、SVC 支路电压和电流及其他必需的模拟量。

（2）模拟量调理单元的作用是通过硬件或软件手段，将采集到的模拟量进行滤波、整形和归一化等操作。

（3）调节计算单元的作用是实现装置所有的控制算法，根据系统指令、采集到的模拟量、监控单元反馈的信息和装置设定的工作模式等信息，实时计算晶闸管触发角的大小，实现对无功或电压的实时控制。

3. 监控保护单元

SVC 的监控保护单元包括开关量输入、开关量输出、通信、监控保护计算单元。监控保护单元的作用主要有以下几点：

（1）采集 SVC 相关的所有开关量输入信号，包括但不仅限于开关位置信号、变压器分接头信号、装置压板信号等。

（2）接收上级自动化系统和微机保护装置的信号。

（3）接收 VBE 单元回报的晶闸管阀组状态信号。

（4）接收调节单元发送的保护所需的模拟量信息。

（5）根据既定为的控制保护策略和上述信号及信息，实现装置的监控保护功能，通过闭锁或跳闸等操作，对 SVC 本体进行保护。

4. VBE 单元

VBE 单元是 SVC 监控单元和晶闸管阀组之间的枢纽部件，其通过光纤与阀组晶闸管触发板（TE 板）相连，向 TE 板发送触发编码信号，将 TE 板的回报编码信号解码后上传到主监控单元。

5. 触发单元

SVC 的触发单元就是指图 3-6 中的 TE 板，主要功能是接收 VBE 下发的触发信号，并触发晶闸管，同时采集晶闸管的状态并编码回报给 VBE 单元。大部分的触发单元具有晶闸管级的过压保护功能，而触发单元取能电路往往与触发单元分开放置。

二、H 桥级联型 SVG 的典型控制器

对于高压大容量的 SVG，通常采用 H 桥级联的方式来提升容量和降低成本，H 桥级联式 SVG 的典型控制器能够代表此类设备控制器的实现思路。某厂家 H 桥级联 SVG 控制结构如图 3-7 所示，包括站控后台、主控部分、相控单元和功率模块控制部分。

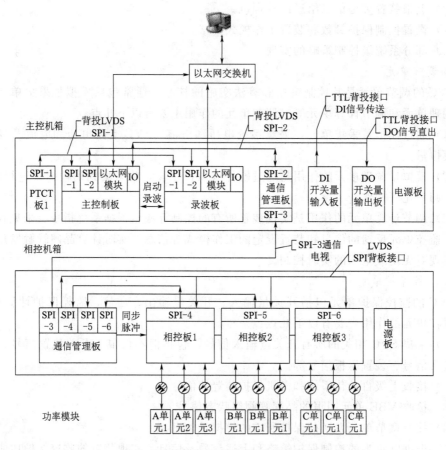

图 3-7 某厂家 H 桥级联 SVG 控制结构

与 SVC 典型控制器结构图不同的是，图 3-7 中并未标明上级自动化系统、通信管理机和支路微机保护单元，但在实际应用中，需要根据应用场景和需要进行配置。对于图 3-6 中的以太网、SPI 总线等，属于某厂家应用的通信方式，对于其他厂家，可以采取与之不同的手段。

1. 站控后台

SVG 站控后台的作用与 SVC 站控后台的作用类似，主要包含以下几点：

（1）提供人机交互的界面，显示 SVG 的运行状态和运行参数。

（2）与通讯管理机通信，接收来自上级自动化系统和支路微机保护的信息。

（3）上报装置关键信息给通讯管理机。

（4）设置控制保护参数和装置的工作模式。

（5）部分系统级控制策略的实现。

2. 主控部分

图 3-7 中的主控部分为装置控制器的核心，包括模拟量采集（PTCT 板）、开关量输入（DI 板）、开关量输出（DO 板）、通信、录波和控制计算单元（主控制板）。图 3-7 中将这部分命名为主控机箱，实际上，根据装置容量、电压等级和控制需求等的不同，这部分电路的规模形式可以是单板系统、机箱、机柜甚至多台机柜。主控部分主要实现如下功能：

（1）通过模拟量采集单元，采集系统电压和电流、SVG 支路电压和电流及其他必需的模拟量，通过硬件或软件手段，将采集到的模拟量进行滤波、整形和归一化等操作。

（2）通过开关量输入单元采集 SVG 相关的所有开关量输入信号，包括但不仅限于开关位置信号、变压器分接头信号、装置压板信号等。

（3）通过开关量输出单元，执行主控单元发出的对开关等设备的操作指令。

（4）通信单元的作用主要是与相控单元之间进行通信，下发主控的调节信号或调节目标值给相控单元，同时接收并汇总相控单元上发的链节模块状态。

（5）录波单元的作用是在故障时或需要时对关键信息进行录波。

（6）控制计算单元的作用是实现装置所有的控制保护算法，根据系统指令、采集到的模拟量、相控单元反馈的信息和装置设定的工作模式等信息，实时计算生成换流器的调节信号或调节目标值，实现系统级和装置级控制策略；根据既定的控制保护策略和上述信号及信息，实现装置的监控保护功能，通过闭锁或跳闸等操作，对 SVG 本体进行保护。

3. 相控单元

H 桥级联式 SVG 的相控单元是主控单元与功率模块控制部分的连接枢纽，主要实现如下功能：

（1）与主控单元之间进行通信，接收主控单元下发的指令信息，同时，将收集汇总后的链节模块信息发送给主控单元。

（2）可实现部分装置级控制策略和针对链接模块的器件级控制策略和保护策略。

（3）实现连接模块驱动指令的分配和下发。

4. 功率模块控制部分

功率模块控制部分的控制对象是每一个链节模块，主要实现如下功能：

（1）直流电压等链节模块关键模拟量的采集、温度继电器节点等关键开关量的采集和 IGBT 等可关断器件的状态采集。

（2）IGBT 等可关断器件的驱动和保护功能。

（3）接收并执行相控单元下发的指令，汇总并上发链节模块的关键信息。

三、小结

各类无功补偿设备的控制器结构差异很大，本节介绍的两种典型控制器结构不能代表所有类型无功补偿设备的控制器结构，而且，随着控制理论、计算机技术和芯片技术的不断发展，无功补偿设备的控制器硬件结构也在不断迭代更新。本节的内容只是帮助读者建立对于无功补偿控制器硬件的初步认知，实际工作中若有需要，需对此进行进一步的针对性学习。

第六节　小　　结

本章简单介绍了无功补偿设备的控制策略和典型的控制器硬件组成，目的是通过本章的描述，构建读者对无功补偿设备控制的初步认识，便于在实际工作中与无功补偿设备厂家进行交流，同时，也可以提高无功补偿设备运行和检修工作的效率。

本章内容只是针对普遍采用的控制策略和控制器硬件结构进行介绍，并未涉及某个特定厂家的特定无功补偿设备，因此，本章内容具有参考作用，但不具有指导作用。实际工作中，不可以本章描述的内容去定义具体设备的控制，但可根据本章内容去理解学习具体设备的控制方法和策略。

第四章

无功补偿设备运行维护

无功补偿设备的运行维护工作，包含无功补偿设备的验收、投运、巡检、日常管理与维护等，由于后面章节专门介绍无功补偿设备的检修相关内容，本章不对无功补偿设备的故障处理展开描述。

所有国家电网公司所属电网内运行的高压无功补偿设备的运行维护工作，都应遵守《国家电网公司变电运维管理规定》中的相关条款；对于用户变电站的高压无功补偿设备，还应遵守用户特有的关于运行检修工作的规定。本章简单介绍《国家电网公司变电运维管理规定》中涉及无功补偿设备的重点内容，对于用户特有的规定，本章不做论述，相关从业者在实际工作中应遵循明文规定。

针对各类无功补偿设备各自的特点，本章重点对并联电容器、TCR 型 SVC、MCR型 SVC，H 桥级联型 SVG、TCSC 型可控串联补偿设备展开描述。对于高压无源 FC的运维检修工作，与 TCR 型 SVC 合并介绍。对于低压电容器和低压 APF 等设备，一般参照变电站通用运行维护规定和各类产品的厂家说明书开展运行维护工作，本章不做介绍。

第一节　《国家电网公司变电运维管理规定》简介

《国家电网公司变电运维管理规定》（以下简称《运维管理规定》）是国家电网公司为规范变电运维管理，提高运维水平，保证运维质量，依据国家法律法规及公司有关规定，制定的运维管理指导性文件。篇幅所限，本节简要介绍与无功补偿设备相关性较强的部分内容。

一、变电运维工作原则

《运维管理规定》对变电运维工作包含的内容作出了明确规定，同时还指出变电运维管理需坚持"安全第一，分级负责，精益管理，标准作业，运维到位"的原则。

安全第一指变电运维工作应始终把安全放在首位，严格遵守国家及公司各项安全法律和规定，严格执行《国家电网公司电力安全工作规程》，认真开展危险点分析和预控，严防人身、电网和设备事故。

分级负责指变电运维工作按照分级负责的原则管理，严格落实各级人员责任制，突出重点、抓住关键、严密把控，保证各项工作落实到位。

精益管理指变电运维工作坚持精益求精的态度，以精益化评价为抓手，深入工作现场、深入设备内部、深入管理细节，不断发现问题，不断改进，不断提升，争创世界一流管理水平。

标准作业指变电运维工作应严格执行现场运维标准化作业，细化工作步骤，量化关键工艺，工作前严格审核，工作中逐项执行，工作后责任追溯，确保作业质量。

运维到位指各级变电运维人员应把运维到位作为运维阶段工作目标，严格执行各项运维细则，按规定开展巡视、操作、维护、检测、消缺工作，当好设备主人，把设备运维到最佳状态。

二、设备巡视相关规定

1. 设备巡视通用性原则

《运维管理规定》规定了设备巡视的通用性原则，核心内容概括为：①按计划巡视；②安全巡视，保证巡视过程的人身安全；③标准化巡视；④加强巡视监督；⑤巡视工器具合格、齐备；⑥针对特殊设备应加强巡视。

2. 巡视分类

变电站的设备巡视检查，分为例行巡视、全面巡视、专业巡视、熄灯巡视和特殊巡视。

（1）例行巡视。例行巡视是指对站内设备及设施外观、异常声响、设备渗漏、监控系统、二次装置及辅助设施异常告警、消防安防系统完好性、变电站运行环境、缺陷和隐患跟踪检查等方面的常规性巡查，具体巡视项目按照现场运行通用规程和专用规程执行。例行巡视的周期根据变电站的不同遵循相关规定确定。

（2）全面巡视。全面巡视是指在例行巡视项目的基础上，对站内设备开启箱门检查，记录设备运行数据，检查设备污秽情况，检查防火、防小动物、防误闭锁等有无漏洞，检查接地引下线是否完好，检查变电站设备厂房等。全面巡视和例行巡视可一并进行。全面巡视的周期根据变电站的不同遵循相关规定确定。

（3）专业巡视。专业巡视指为深入掌握设备状态，由运维、检修、设备状态评价人员联合开展对设备的集中巡查和检测。

（4）熄灯巡视。熄灯巡视指夜间熄灯开展的巡视，重点检查设备有无电晕、放电，接头有无过热现象。熄灯巡视每月不少于1次。

（5）特殊巡视。特殊巡视指因设备运行环境、方式变化而开展的巡视。遇有以下情况，应进行特殊巡视：大风后；雷雨后；冰雪及冰雹后；雾霾过程中；新设备投入运行后；设备经过检修、改造或长期停运后重新投入系统运行时；设备缺陷有发展时；设备发生异常情况时；有重要保供电任务时和电网供电可靠性下降或存在发生较大电网事故（事件）风险时。

三、倒闸操作相关规定

（1）电气设备的倒闸操作应严格遵守安规、调规、现场运行规程和本单位的补充规定等要求。

（2）倒闸操作应有值班调控人员或运维负责人正式发布的指令，并使用经事先审核合格的操作票，按操作票填写顺序逐项操作。

（3）操作票应根据调控指令和现场运行方式，参考典型操作票拟定。典型操作票应履行审批手续并及时修订。

（4）倒闸操作过程中严防发生下列误操作：误分、误合断路器；带负荷拉、合隔离开关或手车触头；带电装设（合）接地线（接地刀闸）；带接地线（接地刀闸）合断路器（隔离开关）；误入带电间隔；非同期并列；误投退（插拔）压板（插把）、连接片、短路片；误切错定值区；误投退自动装置；误分合二次电源开关。

（5）倒闸操作应尽量避免在交接班、高峰负荷、异常运行和恶劣天气等情况时进行。

（6）对大型重要和复杂的倒闸操作，应组织操作人员进行讨论，由熟练的运维人员操作，运维负责人监护。

（7）断路器停、送电严禁就地操作。

（8）停、送电时，禁止进行就地倒闸操作。

（9）停、送电操作过程中，运维人员应远离瓷质、充油设备。

（10）倒闸操作过程若因故中断，在恢复操作时运维人员应重新进行核对（核对设备名称、编号、实际位置）工作，确认操作设备、操作步骤正确无误。

（11）运维班操作票应按月装订并及时进行三级审核。保存期至少1年。

（12）倒闸操作应全过程录音，录音应归档管理。

（13）操作中发生疑问时，应立即停止操作并向发令人报告，并禁止单人滞留在操作现场。弄清问题后，待发令人再许可后方可继续进行操作。不准擅自更改操作票，不准随意解除闭锁装置进行操作。

四、设备维护相关规定

《运维管理规定》中关于设备维护的相关内容，与无功补偿设备相关性较大的主要有以下几点：

（1）避雷器动作次数、泄漏电流抄录每月1次，雷雨后增加1次。

（2）管束结构变压器、冷却器每年在大负荷来临前，应进行1～2次冲洗。

（3）防小动物设施每月维护1次。

（4）安全工器具每月检查1次。

（5）接地螺栓及接地标志维护每半年1次。

（6）排水、通风系统每月维护1次。

（7）室内、外照明系统每季度维护1次。

（8）机构箱、端子箱、汇控柜等的加热器及照明设备每季度维护1次。

（9）二次设备每半年清扫1次。

（10）电缆沟每年清扫1次。

（11）配电箱、检修电源箱每半年检查、维护1次。

（12）对强油（气）风冷、强油水冷的变压器冷却系统，各组冷却器的工作状态（即工作、辅助、备用状态）应每季进行轮换运行1次。

（13）对通风系统的备用风机与工作风机，应每季轮换运行1次。

以上是对《运维管理规定》中与无功补偿设备相关性较强内容的简单介绍，实际工作中，无功补偿设备的运行维护应遵循《运维管理规定》中所有的内容。

第二节　并联补偿电容器的运行维护

并联补偿电容器是电力系统中应用最广泛的并联型无功补偿设备，国家电网公司、南方电网公司甚至各省市供电公司对并联补偿电容器的运行维护工作都有相关的规定性文件，本节从设备验收、设备运行维护、设备巡检、设备操作、设备事故和故障处理等角度展开介绍。

一、并联补偿电容器的验收

（1）并联补偿电容器在安装投运前及检修后，应进行外观检查：套管导电杆应无弯曲或螺纹损坏；引出线端连接用的螺母、垫圈应齐全；外壳应无明显变形，外表无锈蚀，所有接缝不应有裂缝或渗油。

（2）对于并联补偿电容器组验收时需明确其是否符合如下要求：

1）三相电容量的差值宜调配到最小，电容器组容许的电容偏差为0～5%；三相电容器组的任何两线路端子之间，其电容的最大值与最小值之比应不超过1.02；电容器组各串联段的最大与最小电容值之比应不超过1.02。设计有要求时，应符合设计的规定。

2）电容器构架应保持在水平及垂直位置，固定应牢靠，油漆应完整。

3）电容器的安装应使其铭牌面向通道一侧，并有顺序编号。

4）电容器端子的连接线应符合设计要求，接线应对称一致，整齐美观，母线及分支线应标以相色。

5）凡不与地绝缘的每个电容器外壳及电容器构架均应接地；凡与地绝缘的电容器外壳均应接到固定电位上。

（3）对于构架式电容器组的布置，需满足表4-1的尺寸要求，且构架设计应便于维护和更换设备，分层布置不宜超过三层，每层不应超过两排，四周及层间不应设置隔板，以利于通风散热。

表4-1　　　　　　　　　　构架式电容器组尺寸要求

项　目	电容器		电容器底部距地面距离		装置顶部至屋顶净距
	间距	排间距离	屋内	屋外	
最小尺寸/mm	100	200	200	300	1000

（4）电容器装置应设维护通道，其宽度（净距）不应小于1200mm，维护通道与电

容器之间应设置网状遮挡。电容器构架与墙或构架之间设置检修通道时，其宽度不应小于 1000mm。

（5）单台电容器套管与母线应使用软导体连接，不得利用电容器套管支承母线。单套管电容器组的接壳导线，应由接线端子的连接线引出。

（6）并联电容器装置整体验收时，应符合以下规定：

1）电容器组的布置与接线应正确，电容器组的保护回路应完整，传动试验正确。

2）外壳应无凹凸或渗油现象，引出端子连接牢固，垫圈、螺母齐全。

3）熔断器熔体的额定电流应符合设计规定。

4）电容器外壳及构架的接地应可靠，其外部油漆应完整。

5）电容器室内的通风装置应良好。

6）电容器及其串联电抗器、放电线圈、电缆经试验合格，容量符合设计要求，闭锁装置完好。

（7）对于电容器组串联电抗器应进行外观检查。

（8）串联电抗器应按其编号进行安装，并应符合下列要求：

1）三相垂直排列时，中间一相线圈的绕向应与上下两相相反。

2）垂直安装时各相中心线应一致。

3）设备接线端子与母线的连接，在额定电流为 1500A 及以上时，应采用非磁性金属材料制成的螺栓，而且所有磁性材料的部件应可靠固定。

（9）电容器装置验收时，应提交设计文件、试验报告、安装图纸、调试记录等资料和备品备件。

（10）电容器组安装及检修后应进行以下预防性试验（包括交接试验）项目，试验结果应符合《电力设备预防性试验规程》（DL/T 596—2005）中的相关部分：

1）极间（极对地）绝缘电阻。

2）tanδ 及电容值。

3）低压端对地绝缘电阻。

二、并联补偿电容器的运行维护

（1）电容器装置必须按照有关消防规定设置消防设施，并设有总的消防通道。

（2）电容器室不宜设置采光玻璃，门应向外开启。相邻两电容器的门应能向两个方向开启。这条规定主要是从电容器运行安全、防火和防爆角度考虑。

（3）电容器室的进、排风口应有防止风雨和小动物进入的措施。

（4）运行中的电抗器室温度不应超过 35℃，当室温超过 35℃时，干式三相重叠安装的电抗器线圈表面温度不应超过 85℃，单独安装不应超过 75℃。

（5）运行中的电抗器室不应堆放铁件、杂物，且通风口亦不应堵塞，门窗应严密。

（6）电容器组电抗器支持瓷瓶接地要求：

1）重叠安装时，底层每只瓷瓶应单独接地，且不应形成闭合回路，其余瓷瓶不接地。

2）三相单独安装时，底层每只瓷瓶应独立接地。

3）支柱绝缘子的接地线不应形成闭合环路。

（7）电容器组电缆投运前应定相，应确保电缆头接地良好，并有相色标志。两根以上电缆两端应有明显的编号标志，带负荷后应测量负荷分配是否适当。在运行中需加强监视，一般可用红外线测温仪测量温度，在检修时，应检查各接触面的表面情况。停电超过一周不满一个月的电缆，在重新投入运行前，应用摇表测量绝缘电阻。

（8）电力电容器允许在（$1\pm5\%$）额定电压波动范围内长期运行。并联电容器过电压运行规定见表 4-2，尽量避免在低于额定电压下运行。

表 4-2　　　　　　　　　　　并联电容器过电压运行规定

过电压倍数（实际电压 U_g/额定电压 U_n）	持 续 时 间	说　　　明
1.05	连续	
1.10	每 24h 中 8h	
1.15	每 24h 中 30min	系统电压调整与波动
1.20	5min	轻荷载时电压升高
1.30	1min	

（9）电力电容器允许在不超过额定电流的 130% 运行状况下长期运行。三相电流不平衡度不应超过 $\pm5\%$。

（10）电力电容器运行室温度最高不允许超过 40℃，外壳温度不允许超过 50℃。

（11）电力电容器组必须有可靠的放电装置，并且正常投入运行。高压电容器断电后在 5s 内应将剩余电压降到 50V 以下。

（12）安装于室内的电容器必须有良好的通风，进入电容器室应先开启通风装置。

（13）电力电容器组新装投运前，除各项试验合格并按一般巡视项目检查外，还应检查放电回路、保护回路、通风装置，确保其完好。构架式电容器装置每只电容器应编号，在上部 1/3 处贴 45~50℃试温蜡片。在额定电压下合闸冲击 3 次，每次合闸间隔 5min，应将电容器残留电压放完时方可进行下次合闸。

（14）装设自动投切装置的电容器组，应有防止保护跳闸时误投入电容器装置的闭锁回路，并应设置操作解除控制开关。

（15）电容器熔断器熔丝的额定电流不小于电容器额定电流的 1.43 倍。

（16）投切电容器组时应满足下列要求：

1）分组电容器投切时，不得发生谐振（尽量在轻载荷时切出）；对采用混装电抗器的电容器组应先投电抗值大的，后投电抗值小的，切时与之相反。

2）投切一组电容器引起的母线电压变动不宜超过 2.5%。

（17）在出现保护跳闸、因环境温度长时间超过允许温度及电容器大量渗油时禁止合闸；电容器温度低于下限温度时，避免投入操作。

（18）正常运行时，运行人员应进行的不停电维护项目有：

1）电容器外观、绝缘子、台架及外熔断器检查及更换。

2）电容器不平衡电流的计算及测量。

3）每季定期检查电容器组设备所有的接触点和连接点一次。

4）在电容器运行后，每年测量一次谐波。

（19）电容器正常运行时，应保证每季度进行一次红外成像测温，运行人员每周进行一次常规方法测温，以便于及时发现设备存在的隐患，保证设备安全、可靠运行。

（20）对于接入谐波源用户的变电站电容器组，每年应安排一次谐波测试，谐波超标时应采取相应的消谐措施。

三、并联补偿电容器的巡检

1. 并联补偿电容器巡检周期

（1）正常巡检周期：

1）多班制的变电站除交接班巡视外，每 4h 巡视一次。

2）两班制的变电站除交接班巡视外，每值各巡视一次。

3）无人值班变电站每周定期巡视一次。

4）当班值班长当值期间巡视一次。

5）变电站站长每周巡视一次。

6）每周夜间熄灯巡视一次。

（2）特殊巡检周期：

1）环境温度超过规定温度时应采取降温措施，并应每 2h 巡视一次。

2）户外布置的电容器装置雨、雾、雪天气每 2h 巡视一次。狂风、暴雨、雷电、冰雹之后应立即巡视一次。

3）设备投入运行后的 72h 内，每 2h 巡视一次，无人值班的变电站每 24h 巡视一次。

4）电容器支路的断路器故障跳闸应立即对电容器的断路器、保护装置、电容器、电抗器、放电线圈、电缆等设备进行全面检查。

5）系统接地，谐振异常运行时，应增加巡视次数。

6）重要节假日按上级指示增加巡视次数。

7）每月结合运行分析结果进行一次鉴定性的巡视。

2. 并联补偿电容器正常巡视项目及标准

并联补偿电容器正常巡视项目及要求见表 4-3。

表 4-3　　　　　　　　并联补偿电容器正常巡视项目及要求

序号	巡 视 内 容 及 要 求
1	检查瓷绝缘无破损裂纹、放电痕迹，表面清洁
2	母线及引线无过紧过松，设备连接处无松动、过热
3	设备外表涂漆无变色、变形，外壳无鼓肚、膨胀变形，接缝无开裂、渗漏油现象，内部无异声，外壳温度不超过 50℃

续表

序号	巡视内容及要求
4	电容器编号正确，各接头无发热现象
5	熔断器、放电回路完好，接地装置、放电回路完好，接地引线无严重锈蚀、断股，熔断器、放电回路及指示灯完好
6	电容器室干净整洁，照明通风良好，室温不超过40℃且不低于−25℃，门窗关闭严密
7	电抗器附近无磁性杂物存在，油漆无脱落、线圈无变形、无放电及焦味，油电抗器应无渗漏
8	电缆挂牌齐全完整，内容正确，字迹清楚，电缆外皮无损伤，支撑牢固，电缆和电缆头无渗油漏胶、无发热放电、无火花放电等现象

3. 并联补偿电容器特殊巡视项目及标准

并联补偿电容器特殊巡视项目及要求见表 4-4。

表 4-4　　　　　　　　　　　并联补偿电容器特殊巡视项目及要求

序号	巡视内容及要求
1	雨、雾、雪、冰雹天气应检查确保瓷绝缘无破损裂纹、放电现象，表面应清洁，冰雪融化后无悬挂冰柱，桩头无发热，建筑物及设备构架无下沉倾斜、积水、屋顶漏水等现象，大风后应检查设备和导线确保其上无悬挂物、无断线，构架和建筑物无下沉倾斜变形
2	大风后应检查母线及引线确保其无过紧过松，设备连接处无松动、过热
3	雷电后应检查瓷绝缘确保其无破损裂纹、放电痕迹
4	环境温度超过或低于规定温度时，检查温蜡片确保其齐全且无熔化，各接头无发热现象
5	断路器故障跳闸后应检查电容器确保其无烧伤、变形、移位等，导线无短路；电容器温度、音响、外壳无异常，熔断器、放电回路、电抗器、电缆、避雷器等完好
6	系统异常（如振荡、接地、低周或铁磁谐振）运行消除后，应检查电容器确保其无放电，温度、音响、外壳无异常

四、并联补偿电容器的操作

（1）电力电容器停用时，应先拉开断路器，再拉开电容器侧隔离刀闸，后拉开母线侧隔离刀闸。投入时的操作顺序与此相反。

（2）电力电容器组断路器若第一次合闸不成功，必须等待 5min 后再进行第二次合闸，事故处理亦不得例外。

（3）全站停电及母线系统停电操作时，应先拉开电力电容器组断路器，再拉开各馈路出线断路器；待全站恢复供电时，应先合各馈路出线断路器，再合电力电容器组断路器，禁止空母线带电容器组运行。

五、并联补偿电容器的事故和故障处理

1. 并联补偿电容器的常见故障

外壳鼓肚变形；严重渗漏油；温度过高，内部有异常音响；爆炸着火；单台熔丝熔

断；套管闪络或严重放电；触点严重过热或熔化。

2. 并联补偿电容器故障产生原因及处理方法

并联补偿电容器故障产生原因及处理方法见表 4-5。

表 4-5　　　　　　　　并联补偿电容器故障产生原因及处理方法

故障现象	产生原因	处理方法
外壳鼓肚变形	1. 介质内产生局部放电，使介质分解而析出气体。 2. 部分元件击穿或极对外壳击穿，使介质析出气体	立即将其退出运行
渗漏油	1. 搬运时提拿瓷套，使法兰焊接出现裂缝。 2. 接线时拧螺丝过紧，瓷套焊接处损伤。 3. 产品制造缺陷。 4. 温度急剧变化。 5. 漆层脱落，外壳锈蚀	1. 用铅锡料补焊，但勿过热，以免瓷套管上银层脱落。 2. 改进接线方法，消除接线应力，接线时勿搬摇瓷套，勿用猛力拧螺丝帽。 3. 防曝晒，加强通风。 4. 及时除锈、补漆
温度过高	1. 环境温度过高，电容器布置过密。 2. 高次谐波电流影响。 3. 频繁切合电容器，反复受过电压作用。 4. 介质老化，$\tan\delta$ 不断增大	1. 改善通风条件，增大电容器间隙。 2. 加装串联电抗器。 3. 采取措施，限制操作过电压及涌流。 4. 停止使用及时更换
爆炸着火	内部发生极间或机壳间击穿而又无适当保护时，与之并联的电容器组对它放电，因能量大而爆炸着火	1. 立即断开电源。 2. 用沙子或干式灭火器灭火
单台熔丝熔断	1. 过电流。 2. 电容器内部短路。 3. 外壳绝缘故障	1. 严格控制运行电压。 2. 测量绝缘，对于双极对地绝缘电阻不合格或交流耐压不合格的应及时更换；投入后继续熔断，则应退出该电容器。 3. 查清原因，更换保险；若内部短路则应将其退出运行。 4. 因保险熔断。引起相对电流不平衡接近 2.5% 时，应更换故障电容器或拆除其他相电容器进行调整

3. 检查处理电容器故障时的注意事项

（1）电容器组断路器跳闸后，不允许强送电。过流保护动作跳闸应查明原因，否则不允许再投入运行。

（2）在检查处理电容器故障前，应先拉开断路器及隔离刀闸，然后验电装设接地线。

（3）由于故障电容器可能发生引线接触不良，内部断线或熔丝熔断，因此有一部分电荷有可能未放出来，在接触故障电容器前，应戴绝缘手套，用短路线将故障电容器的两极短接，方可动手拆卸。对双星形接线电容器组的中性线及多个电容器的串接线，还应单独放电。

4. 应退出电容器的情况

（1）电容器发生爆炸。

（2）接头严重发热或电容器外壳示温蜡片熔化。

（3）电容器套管发生破裂并有闪络放电。

（4）电容器严重喷油或起火。

（5）电容器外壳明显膨胀，有油质流出或三相电流不平衡超过 5% 以上，以及电容器或电抗器内部有异常声响。

（6）当电容器外壳温度超过 55℃，或室温超过 40℃，采取降温措施无效时。

（7）密集型并联电容器压力释放阀动作时。

5. 变电站全站停电或接有电容器的母线失压的处理方法

变电站全站停电或接有电容器的母线失压时，应先拉开该母线上的电容器断路器，再拉开线路断路器；来电后根据母线电压及系统无功补偿情况最后投入电容器。

六、小结

除本节介绍的内容，并联电容器实际的运行维护工作还应遵守变电站运维的其他规定和要求；对于用户变电站的并联电容器，还应遵循用户独有的运维管理规定，例如矿区变电站的运维管理规定等。对于与其他装置配合使用的并联电容器，运维工作还需充分考虑其他装置的工作特点。同变电站其他设备一样，并联电抗器的运维工作同样要与培训、技术管理工作相结合。

第三节　TCR 型 SVC（＋FC）的运行维护

对于 SVC 这类定制性较强的无功补偿设备，难以形成统一的、适应所有厂家的通用性运行维护方法，本节内容针对 TCR 型 SVC（＋FC），研究了多个厂家 SVC 产品的运维手册和某些用户的相关运维规定，提取出了相对通用的运行维护内容和办法。

一、TCR 型 SVC 验收

TCR 型 SVC 在安装投运前及检修后，需要进行设备的验收。首先，应进行外观检查，确保所有组件外观无损坏和异常；其次，应根据装置说明书或图纸等对装置的一次接线进行检查，同时检查螺栓、接插件、压板等安装是否牢固；第三，应确对所有二次接线按照图纸进行检查，确保接线正确牢固；第四，应对控制器、后台计算机、微机保护等进行检查，确认其运行正常。

二、TCR 型 SVC 巡视与检查

1. 一般规定

（1）为了更好地掌握设备的运行情况，预防事故发生，运行值班人员应按巡视线路和规定，对 SVC 定期进行巡视，发现与设备运行标准不符时应做好记录并汇报相关负责人。

（2）TCR 型 SVC 巡视按照内容可分为正常巡视和特殊巡视两类。

（3）正常巡视指按巡视周期和项目，每天定时对设备进行巡查，主要巡查设备的运行状况并及时发现设备可能出现的故障。

（4）特殊巡视指天气异常、设备异常、设备故障及发生自然灾害和大负荷时的巡视。

（5）巡视周期：TCR 型 SVC 每天巡视 4 次，其时间为 6 时、10 时、14 时、18 时。夜班小班交接时巡视，由接班人员对阀组件、滤波器组、SVC 监控及调节系统进行一次重点巡视，并做好记录。

2. 特殊巡视规定

（1）在天气异常时，主要巡查不良气候对设备可能造成的影响，如雪、雨、雾、大风、气温突变（高温和严寒）时主要巡查设备节点有无发热，绝缘子、套管等设备外绝缘有无放电现象，导线有无舞动过大和断股现象，注油设备有无渗漏现象，排水设备、防寒设备有无异常现象。

（2）设备异常时，主要是巡查监视设备的缺陷或异常有无发展，设备状况有无恶化，以便及时汇报调度和有关人员，采取相应措施进行妥善处理。对存在缺陷或异常运行的设备，除正常进行重点监视性巡视外，还应该在夜间增加巡视次数，并做好记录。

（3）设备故障时，主要是巡查清楚设备故障原因、故障现象、故障区域机器设备的损坏情况。值班人员和有关负责人应在设备发生故障时和故障后，对设备进行巡视和检查并做好记录。

（4）自然灾害和大负荷时，主要是巡查水灾、火灾、地震以及鸟类、鼠类频繁活动的季节时设备有无异常和设备大负荷时各部分节点有无过热、发红、冒火、热气流现象。高峰负荷时，应选择无月光的前半夜进行巡视并同时静听设备各部分有无异常声音。

3. 特殊巡视重点内容

（1）夜间巡视时，应主要巡视设备各部分节点、绝缘子、套管等设备外绝缘，有无放电、闪络、冒火现象。

（2）天气突变时，应主要巡视大风、大雪、初雪、暴雨、浓雾、雷电以及导线结冰等对设备的威胁。

（3）雪天应该注意设备端子及接头处积雪有无熔化发热等现象，瓷表面有无结冰及放电现象。

（4）大风天应该注意导线及引线有无损坏和摆动过大情况，观察端子处是否松动，设备上有无飘挂杂物，构架有无倾斜。

（5）导线覆冰时，注意检查导线弧度及构架受力情况，及时消除导线结冰现象。

（6）雷雨及过电压后，应注意检查套管、绝缘子、避雷器等瓷件有无放电痕迹和损坏情况，检查避雷针、避雷器及接地引下线有无烧伤痕迹，并做好记录。

（7）在高温、严寒、气温突变时，应检查设备油位、渗漏和导线弧度变化情况，对温度要求高的阀室、控制室加强巡视，防止由于空气调节设备异常导致温度超出正常范围。

（8）开关故障跳闸后，应检查开关出口附近有无明显故障现象以及端子过热、机械部分损坏等现象。

三、TCR 型 SVC 运行与维护

1. 整体设备运行与标准

（1）套管、绝缘子、瓷柱等瓷质表面应清洁，无损坏、裂纹、烧痕、放电现象，绝缘子的泄漏比距应满足Ⅲ级污秽级别的要求。

（2）设备温度应正常，无异常声音，无冒烟，无过热，无变色等。

（3）注油设备的油质应符合标准，设备的油位、油色应正常，无渗漏、喷油等现象。

（4）开关操作机构箱应密封良好，机构内应清洁，无漏油、漏压和锈蚀等现象。液压机构、气压机构压力表指示正常。

（5）刀闸、开关开合位置正确，触头接触良好，防误操作装置完好。

（6）导线驰度合适，无挂落杂物，无烧伤断股及接点发热现象。

（7）设备（包括构架）各部螺栓连接应可靠不松动，垫圈齐全。

（8）室外电缆穿线管管口应密封良好，管内应无积水及冰冻现象。分线箱电缆孔应封闭良好，分线箱门应关好。箱内应保持干燥和清洁。

（9）阀体各电气联结点及阀元件本体温度正常，阀室内空调工作正常。

（10）TCR 型 SVC 装置每年进行一次全面的维护，包括各元件的外观检查，各支路电容、电感值的测试，元件及绝缘子表面的去污等工作。支路电容值和电感值的实测值与铭牌值（单个元件和每相总计值）的相对误差不大于±2%。

2. 电压、电流互感器运行与维护

（1）互感器应有牢固的防雨帽，各连接部位应该接触良好，无发热、变色现象，运行声音正常。

（2）互感器油面高度应正常，油色正常；各部分无渗漏、漏油现象，每年春、秋检时，应更换变色硅胶。

（3）互感器瓷质部分应无破损和放电痕迹。

（4）电压互感器二次保险器，每年春、秋检查时，应定期检查一次并记录。

（5）电压互感器二次不准短路，电流互感器二次不准开路。

（6）二次端子盒及电缆穿管处应密封良好。

3. 避雷器运行与维护

（1）避雷器的接地应该良好。

（2）避雷器不应倾斜，瓷件表面应保持清洁，无破损，底座绝缘应完好无裂纹。

4. 母线、刀闸运行与维护

（1）母线、刀闸各部分接点应接触良好，不发热，接点最高温度不得超过70℃。

（2）母线及设备引线应无断股或烧伤痕迹，最大风偏时，对地距离、相间距离均应满足要求。

（3）刀闸的瓷件应清洁、完好，无损坏。

（4）防误闭锁装置应操作灵活，每年应进行两次检查、涂油。

5. 电力电容器运行与维护

（1）电容器可以在额定电压的 1.1 倍、额定电流的 1.3 倍条件下长期运行。

（2）当电容器所在系统失去电源时，必须先将电容器的电源拉开，防止向母线反充电。

（3）运行中的电容器应三相平衡，电流差不得超过±5%。

（4）电容器安装熔丝保护时，熔丝容量为单台电容器额定电流的 1.5～2.0 倍。

（5）运行中的电容器无鼓肚、喷油及接点过热等现象。

（6）单台电容器的熔丝无熔断，引线无断线，套管清洁，无裂纹、放电现象。

（7）电容器需测量绝缘时，应首先将电容器放电，然后将摇表摇至额定转速再测试电容器两极，记取读数后取下摇表线，再将摇表停止，防止电容器反充电烧坏摇表，然后将电容器放电，以防止人身触电。

（8）电容器停电作业时需自由放电 5min，才能合接地刀闸。

（9）当发现滤波电容器的外熔丝由于过电流或其他原因脱落，需检测或更换电容器时，必须使电容器两极经电阻放电后方可工作。

（10）检修完毕后，测试每相电容值，恢复原主接线，清理工作现场，特别注意对瓷瓶灰尘和油渍的清理，待所有运行检修人员退出现场后，方可按顺序恢复送电。

6. 微机保护运行与维护

微机保护运行维护的基本要求可以参照以下标准：

（1）微机保护的投入和退出，应按照调度的命令执行。

（2）微机保护的整定值应与定值通知单相符，与调度核对无误后方可投入运行。临时的定值可按调度的命令执行，并记在操作记录中，定值通知单后补。

（3）二次回路的变动，应按二次回路变更通知单执行。

（4）运行中的保护改定值、变更接线，必须有工作措施并经运行审核停止跳闸压板后方可工作。

（5）运行人员清扫二次线时，使用的清扫工具应干燥，金属部分应包好绝缘，工作人员应穿长袖工作服，戴线手套，工作时将手表摘下，并应小心谨慎清扫，不能用力抽打，以免引起保护动作。

（6）每次保护装置动作后，应将吊牌信号先作记号，然后复归，微机保护要及时打印报告，并将动作情况报告记在操作记录簿中。

7. 滤波电抗器、相控电抗器运行与维护

（1）电抗器工作时应无异常声响。

（2）各部分接点应接触良好，不发热，接点最高温度不得超过 70℃。

（3）电抗器本体温升小于 50℃，最高温度小于 90℃。

8. 阀组件运行与维护

（1）运行参数：

1）阀组件工作正常，晶闸管管壳温度小于 70℃。

2）各电气连接点温度小于 70℃。

3）阀室空调工作正常，温度为 20～30℃。

（2）运行维护事项：

1）晶闸管本体及附件清扫干净无积灰、油渍。

2）观察晶闸管阀组元件的外观，绝缘不能有破损。

3）晶闸管至本体连线压接螺栓无松动。

4）晶闸管阀体水冷系统管路（如有）密封良好，密封橡胶圈完整。

5）晶闸管阀体及附件无锈蚀。

9. TCR 型 SVC 监控及调节系统运行与维护

（1）TCR 型 SVC 监控屏信号指示正常，各状态指示与断路器实际位置相符。

（2）人机界面屏仪表指示正常，就地工作站屏幕显示正常，显示数据与仪表相符。

（3）TCR 型 SVC 控制室空调工作正常，温度为 20～30℃。

四、TCR 型 SVC 故障处理

1. 滤波器组或电容器组过压保护跳闸

检查系统电压记录，确认是否出现超过保护定值的电压：若未出现，应检查对应支路保护单元过压保护是否工作正常；若确实出现过压，应分析过压产生的原因。

2. 滤波器组或电容器组过流保护跳闸

检查相应支路电流记录，确认是否出现超过保护定值的电流：若未出现，应检查对应支路保护单元过流保护是否工作正常；若确实出现过流，应检查一次设备，若熔丝熔断应予以更换，并重新测试电容值，变化应小于 2%。

3. 滤波器组或电容器组过流速断保护跳闸

检查支路电流记录，确认是否出现超过保护定值的电流：若未出现，应检查对应支路保护单元过流速断保护是否工作正常；若确实出现过流，应检查一次设备，若熔丝熔断则应予以更换，并重新测试电容值，变化应小于 2%。

4. 滤波器组或电容器组差流保护跳闸

检查差流记录，确认是否出现超过保护定值的差电流：若未出现，应检查对应支路保护单元差流保护是否工作正常；若确实出现差流，应检查一次设备，若熔丝熔断应予以更换，并重新测试电容值，变化应小于 2%。

5. 滤波器组或电容器组失压保护跳闸

检查电压记录，确认是否出现低于保护定值的电压：若未出现，应检查对应支路保护单元失压保护是否工作正常；若确实出现失压，应分析失压产生原因。

6. TCR 支路失压保护跳闸

检查电压记录，确认是否出现低于保护定值的电压：若未出现，应检查对应支路保护单元失压保护是否工作正常；若确实出现失压，应分析失压产生原因。

7. TCR 支路过压保护跳闸

检查系统电压记录，确认是否出现超过保护定值的电压：若未出现，应检查对应支路保护单元过压保护是否工作正常；若确实出现过压，应分析过压产生原因。

8. TCR 支路过流保护跳闸

检查支路电流记录，确认是否出现超过保护定值的电流：若未出现，应检查对应支路保护单元过流保护是否工作正常；若确实出现过流，应检查一次设备，重点检查相控电抗器是否出现匝间短路、阀体是否出现短路、控制系统是否工作正常。

9. TCR 支路过流速断保护跳闸

检查支路电流记录，确认是否出现超过保护定值的电流：若未出现，应检查对应支路保护单元过流速断保护是否工作正常；若确实出现过流，应检查一次设备是否出现短路故障。

10. 单个阀回报异常告警

尝试复归信号，若可清除该告警，则仅需记录该告警信息，不需做其他处理；若间隔约 10～60s 后故障再次出现，则应在 TCR 检修时检查对应阀的触发、回报光纤是否正常，并更换对应位置的 TE 板。

11. 某个阀正反双向回报异常告警

尝试复归信号，若可清除该告警，则仅需记录该告警信息，不需做其他处理；若间隔约 10～60s 后故障再次出现，则应在 TCR 检修时检查对应的阀（用数字万用表 200kΩ 档测试）正反向电阻，若小于 10kΩ 则说明该阀故障，应通知厂家检修。

12. SVC 监控系统告警或跳断路器

检查监控系统是否工作异常，根据故障指示寻找故障点，排除故障后恢复 TCR 投运。

13. SVC 各支路保护单元异常

手动退出该支路，退出该支路合分闸出口压板，排除保护单元故障后方可恢复该支路投运。

五、小结

本节内容基本适用于基于晶闸管控制的并联型无功补偿设备，可以作为这类设备运行维护工作的指导和参考，本节未对 TCR 型 SVC 的水冷部分运行维护进行说明。

第四节　MCR 型 SVC（＋FC）的运行维护

本节内容针对 MCR 型 SVC（＋FC），研究了多个厂家 SVC 产品的运维手册和某些用户的相关运维规定，提取出了相对通用的运行维护内容和办法。

一、MCR 型 SVC 的 MCR 电抗器、电容器组投运前的检查项目

新投入或长期停运的设备（电抗器和电容器），投运前要进行外部检查，要求如下：

（1）各部分接线正确，连接牢固可靠，安装合格。

（2）绝缘电阻的测量合格（除定期规定测量外）。

（3）电抗器冷却装置正常，冷却风扇可随时投入，散热器回路蝶阀均打开正常。

（4）电抗器、电容器壳体及支持支架接地应良好，无锈蚀现象。

（5）电抗器及电容器的放电线圈油色、油位正常。

（6）电抗器、电容器保护及监控回路完整并经传动试验合格。

（7）电抗器、电容器各避雷器完好，试验合格。

（8）新投入设备断路器符合要求，并经分、合试验合格，且投入前应在断开位置。

（9）五防连锁安装齐全可靠。

（10）区域消防设施完好。

二、MCR 型 SVC 巡视与检查

1. 一般规定

（1）为了更好地掌握设备的运行情况，预防事故发生，运行值班人员应按巡视线路和规定，对 MCR 型 SVC 定期进行巡视，发现与设备运行标准不符时应做好记录并汇报相关负责人。

（2）SVC 巡视按照内容可分为正常巡视和特殊巡视两类。

（3）正常巡视指按巡视周期和项目，每天定时对设备进行巡查，主要巡查设备的运行状况并及时发现设备可能出现的故障。

（4）特殊巡视指天气异常、设备异常、设备故障、发生自然灾害时的巡视。

（5）巡视周期：SVC 每天巡视 4 次，其时间为 6 时、10 时、14 时、18 时。夜班小班交接时巡视，由接班人员对 MCR 电抗器、滤波器组、MCR 型 SVC 监控及调节系统进行一次重点巡视，并做好记录。

2. 特殊巡视规定

（1）在天气异常时，主要巡查不良气候对设备可能造成的影响，如雪、雨、雾、大风、气温突变（高温和严寒）时主要巡查设备节点有无发热，绝缘子、套管等设备外绝缘有无放电现象，导线有无舞动过大和断股现象，注油设备有无渗漏现象，排水设备、防寒设备有无异常现象。

（2）设备异常时，主要是巡查监视设备的缺陷或异常有无发展，设备状况有无恶化，以便及时汇报调度和有关人员，采取相应措施进行妥善处理。对存在缺陷的设备或异常运行的设备，除正常进行重点监视性巡视外，还应该在夜间增加巡视次数，并做好记录。

（3）设备故障时，主要是巡查清楚设备故障原因、故障现象、故障区域机器设备的损坏情况。值班人员和有关负责人应在设备发生故障时和故障后，对设备进行巡视和检查并做好记录。

（4）自然灾害和大负荷时，主要是巡查水灾、火灾、地震以及鸟类、鼠类频繁活动的季节时设备有无异常和设备大负荷时各部分节点有无过热、发红、冒火、热气流现象。高峰负荷时，应选择无月光的前半夜进行巡视并同时静听设备各部分有无异常声音。

3. 特殊巡视重点内容

（1）夜间巡视时，应主要巡视设备各部分节点、绝缘子、套管等设备外绝缘，有无

放电、闪络、冒火现象。

（2）天气突变时，应主要巡视大风、大雪、初雪、暴雨、浓雾、雷电以及导线结冰等对设备的威胁。

（3）雪天应该注意设备端子及接头处积雪有无熔化发热等现象，瓷表面有无结冰及放电现象。

（4）大风天应该注意导线及引线有无损坏和摆动过大情况，观察端子处是否松动，设备上有无飘挂杂物，构架有无倾斜。

（5）导线覆冰时，注意检查导线弧度及构架受力情况，及时消除导线结冰现象。

（6）雷雨及过电压后，应注意检查套管、绝缘子、避雷器等瓷件有无放电痕迹和损坏情况，检查避雷针、避雷器及接地引下线有无烧伤痕迹，并做好记录。

（7）在高温、严寒、气温突变时，应检查设备油位、渗漏和导线弧度变化情况，对温度要求高的电抗器室、控制室加强巡视，防止由于空气调节设备异常导致温度超出正常范围。

（8）开关故障跳闸后，应检查开关出口附近有无明显故障现象以及端子过热、机械部分损坏等现象。

三、MCR 型 SVC 运行规定

（1）MCR 型 SVC 的投入与停运执行电网电压曲线规定。按规定的电压曲线进行，以保证母线电压不过高或过低。当电容器投入后母线电压超过 $1.1U_n$ 时，应将部分电容器或全部电容器从电网断开。

（2）MCR 型 SVC 投入运行前，应检查确证各主设备及其辅助设备处于良好状态，回路正常。

（3）MCR 型 SVC 投入运行前，设备绝缘电阻测量应合格：

1）电抗器本体每千伏工作电压对地绝缘不低于 $1M\Omega$，吸收比大于 1.3。

2）电容器对地绝缘电阻不低于 $2000M\Omega$。

（4）当设备有严重缺陷时严禁投入。

（5）调整峰谷时的系统电压，首先应以投切电容器为主，如果满足不了，再用有载调压装置调整。

（6）回路故障跳闸后，未查明原因前严禁将设备再投入。

四、MCR 型 SVC 运行和维护

1. 设备运行标准

（1）套管、绝缘子、瓷柱等瓷质表面应清洁，无损坏、裂纹、烧痕、放电现象，绝缘子的泄漏比距，应满足Ⅲ级污秽级别的要求。

（2）设备温度应正常，无异常声音，无冒烟，无过热，无变色等。

（3）注油设备的油质应符合标准，设备的油位、油色应正常，无渗漏、喷油等现象。

（4）开关操作机构箱应密封良好，机构内应清洁，无漏油、漏压和锈蚀等现象。液

压机构、气压机构压力表指示正常。

（5）刀闸、开关开合位置正确，触头接触良好，防误操作装置完好。

（6）导线弛度合适，无挂落杂物，无烧伤断股及接点发热现象。

（7）设备（包括构架）各部螺栓连接应可靠不松动，垫圈齐全。

（8）室外电缆穿线管管口应密封良好，管内应无积水及冰冻现象。分线箱电缆孔应封闭良好，分线箱门应关好。箱内应保持干燥和清洁。

2. MCR 型 SVC 正常运行时的检查项目

（1）电压巡视：MCR 运行电压一般不超过额定电压的 1.05 倍，最高不超过额定电压的 1.1 倍。

（2）电流巡视：MCR 电流一般不超过额定电流的 1.3 倍。

（3）保护装置正常，无异常及报警，保护压板投入正确。

3. MCR 电抗器运行维护

（1）刀闸触头及连接接头处接触良好，无发热、火花放电或电晕放电等现象。

（2）支持绝缘子及套管应清洁，无放电痕迹，完好无裂纹。

（3）电抗器外壳正常无变形现象，各处无渗漏油现象。

（4）油温、油位、油色正常。

（5）呼吸器正常，变色硅胶颜色改变不得超过 1/3。

（6）电抗器音响正常，声音随着电流的变化有所变化，由于电抗器的电流随无功变化随时变化，因此电抗器声音也会随时变化，但不应有不均匀的爆裂声或放电声。

（7）瓦斯继电器内无气体，继电器与油枕连接阀应打开。

（8）压力释放阀应完好无损。

（9）周围清洁、无杂物。

（10）与电抗器本体连接的励磁单元等设备应牢固、完好。

（11）当 MCR 持续大功率长时间运行后，温度可能达到 55℃（左右）以上，此时冷却风扇应该转动。巡视时应该留意本体上温度表是否已经达到 55℃，风扇转动是否正常。

4. 电力电容器运行及维护

（1）电容器可以在额定电压的 1.1 倍、额定电流的 1.3 倍条件下长期运行。

（2）当电容器所在系统失去电源时，必须先将电容器的电源拉开，防止向母线反充电。

（3）运行中的电容器应三相平衡，电流差不得超过 ±5%。

（4）电容器安装熔丝保护时，熔丝容量为单台电容器额定电流的 1.5～2.0 倍。

（5）运行中的电容器无鼓肚、喷油及接点过热等现象。

（6）单台电容器的熔丝无熔断，引线无断线，套管清洁，无裂纹、放电现象。

（7）电容器需测量绝缘时，应首先将电容器放电，然后将摇表摇至额定转速再测试电容器两极，记取读数后取下摇表线，再将摇表停止，防止电容器反充电烧坏摇表，然后将电容器放电，以防止人身触电。

（8）电容器停电作业时需自由放电 5min，才能合接地刀闸。

（9）当发现滤波电容器的外熔丝由于过电流或其他原因脱落，需检测或更换电容器时，必须使电容器两极经电阻放电后方可工作。

（10）检修完毕后，测试每相电容值，恢复原主接线，清理工作现场，特别注意对瓷瓶灰尘和油渍的清理，待所有运行检修人员退出现场后，方可按顺序恢复送电。

5. 电容器的串联电抗器以及放电线圈运行及维护

（1）电抗器工作时应无异常声响。

（2）各部分接点应接触良好、不发热，接点最高温度不得超过 70℃。

（3）电抗器本体温升小于 50℃，最高温度小于 90℃。

6. 微机保护运行和维护

微机保护运行维护的基本要求可以参照以下标准：

（1）微机保护的投入和退出，应按照调度的命令执行。

（2）微机保护的整定值应与定值通知单相符，与调度核对无误后方可投入运行。临时的定值可按调度的命令执行，并记在操作记录中，定值通知单后补。

（3）二次回路的变动，应按二次回路变更通知单执行。

（4）运行中的保护改定值、变更接线，必须有工作措施并经运行审核停止跳闸压板后方可工作。

（5）运行人员清扫二次线时，使用的清扫工具应干燥，金属部分应包好绝缘，工作人员应穿长袖工作服，戴线手套，工作时将手表摘下，并应小心谨慎清扫，不能用力抽打，以免引起保护动作。

（6）每次保护装置动作后，应将吊牌信号先作记号，然后复归，微机保护要及时打印报告，并将动作情况报告记在操作记录簿中。

五、MCR 型 SVC 故障处理

1. MCR 电抗器常见故障及处理方法

（1）电抗器内部局部过热：局部过热不会造成跳闸，但长时间过热会加速绝缘老化，影响电抗器运行寿命。应查明原因，消除故障。

（2）电抗器外部局部过热：该故障大多是由漏磁形成的涡流引起的，应设法切断涡流路径，消除故障。

（3）电抗器振动：振动大都会使部件断裂、脱落，引发漏油与放电异常现象。处理时可采取在振动激烈点悬挂重物的方法（即防振锤）。

（4）电抗器温度高：应核对电压、无功负荷和气温，且进行三相比较；同时应检查电抗器的油面、声音及各部位有无异常现象。

（5）电抗器瓦斯继电器保护动作：检查瓦斯继电器有无气体，且收取气体进行试验。若气体可燃，可断定内部有故障，应申请将电抗器退出运行。若无气体，可能是保护误动作，应检查误动作原因并消除。

（6）电抗器着火：立即切断电源（包括冷却器电源），用灭火器进行灭火。如溢出

的油使火在顶盖上燃烧，可适当降低油面。如内部着火，严禁放油，以免空气进入，加大火势，引起爆炸事故。

2. 滤波器组常见故障及解决方法

（1）滤波器组或电容器组过压保护跳闸：检查系统电压记录，确认是否出现超过保护定值的电压，若未出现，应检查对应支路保护单元过压保护是否工作正常，若确实出现过压，应分析过压产生的原因。

（2）滤波器组或电容器组过流保护跳闸：检查相应支路电流记录，确认是否出现超过保护定值的电流，若未出现，应检查对应支路保护单元过流保护是否工作正常，若确实出现过流，应检查一次设备，若熔丝熔断应予以更换，并重新测试电容值，变化应小于2%。

（3）滤波器组或电容器组过流速断保护跳闸：检查支路电流记录，确认是否出现超过保护定值的电流，若未出现，应检查对应支路保护单元过流速断保护是否工作正常，若确实出现过流，应检查一次设备，若熔丝熔断则应予以更换，并重新测试电容值，变化应小于2%。

（4）滤波器组或电容器组差流保护跳闸：检查差流记录，确认是否出现超过保护定值的差电流，若未出现，应检查对应支路保护单元差流保护是否工作正常，若确实出现差流，应检查一次设备，若熔丝熔断应予以更换，并重新测试电容值，变化应小于2%。

（5）滤波器组或电容器组失压保护跳闸：检查电压记录，确认是否出现低于保护定值的电压，若未出现，应检查对应支路保护单元失压保护是否工作正常，若确实出现失压，应分析失压产生原因。

3. MCR 电抗器、电容器组应立即退出运行的故障

（1）MCR 电抗器发生以下故障时应立即退出运行：

1）套管闪络或严重放电。

2）套管破裂大量漏油。

3）套管及引线接头过热严重或熔化。

4）电抗器外壳破裂大量漏油。

5）电抗器本体及励磁调整装置冒烟、着火。

6）电抗器回路无保护运行（除短时直流电源停电外）。

7）电抗器温度异常升高（检查非温度表故障）。

8）电抗器内部有不均匀的爆炸声。

9）电抗器压力释放阀动作或防爆膜破裂，且向外大量喷油或喷烟火。

10）轻瓦斯动作，放气检查为可燃性气体。

11）发生在电抗器设备上的紧急人身安全事故。

（2）电容器组发生以下故障时应立即退出运行：

1）套管闪络或严重放电。

2）接头过热或熔化。

3）外壳膨胀变形。

4）内部有放电声及放电设备有异响。

5）电容器回路无保护运行（除短时直流电源停电选接地外）。

6）发生在电容器设备上的紧急人身安全事故。

六、小结

本节内容基本适用于磁控型饱和电抗器类的并联型无功补偿设备，可以作为这类设备运行维护工作的指导和参考，由于 MCR 励磁回路大多集成在磁控电抗器内部，且各厂家产品差异较大，本节未对 MCR 励磁回路的运行维护展开描述。

第五节　H 桥级联型 SVG 的运行维护

对于 SVG，即使同样是 H 桥级联型 SVG，不同厂家的产品差异性比 SVC 还要大，因此同 SVC 一样，本节内容针对 H 桥级联型 SVG，研究了多个厂家 SVG 的运维手册和某些用户的相关运维规定，提取出了相对通用的运行维护内容和办法。

一、H 桥级联型 SVG 验收

H 桥级联型 SVG 设备在安装投运前及检修后，需要进行设备的验收。首先，应进行外观检查，确保所有组件外观无损坏和异常；其次，应根据装置说明书或图纸等对装置的一次接线进行检查，同时检查螺栓、接插件、压板等安装是否牢固；第三，应针对所有二次接线按照图纸进行检查，确保接线正确牢固；第四，应对控制器、后台计算机、微机保护等进行检查，确认其运行正常。

二、H 桥级联型 SVG 巡视与检查

1. 一般规定

（1）为掌握设备运行情况，预防事故发生，运行值班员应按巡视线路和规定，对 SVG 进行巡视，发现与装置运行标准不符时应做好记录并汇报有关人员。

（2）SVG 巡视按照内容可分为正常巡视和特殊巡视两类。正常巡视指按巡视周期和项目，每天定时对设备进行巡查，主要巡查装置运行状况以及时发现装置缺陷。特殊巡视指天气异常、设备异常、设备故障、发生自然灾害和大负荷时的巡视。

（3）巡视周期：SVG 挂网实验时，应保证每天巡视四次，其时间为 6 时、10 时、14 时、18 时。夜班小班交接时巡视，由接班人员对功率模块、散热风机、SVG 监控及调节系统进行一次重点巡视，并做好记录。

2. 特殊巡视规定

（1）在天气异常时，SVG 为室内安装，天气异常对设备的影响不明显，但由于极端天气对其他系统影响较大，为防止系统连带故障，在雪、雨、雾、大风、气温突变（高温和严寒）时仍应加强对设备的巡查，主要巡查设备节点有无发热，绝缘子、套管等设备外绝缘有无放电现象，散热设备有无异常现象。

（2）设备异常时，主要是巡查监视设备的缺陷或异常有无发展，设备状况有无恶化，以便及时汇报调度和有关人员，采取措施进行处理。对存在缺陷的设备或异常运行

的设备，除正常进行重点监视性巡视外，还应该在夜间增加巡视次数，并做好记录。

（3）设备故障时，主要是巡查清楚设备故障原因、故障现象、故障区域机器设备的损坏情况。值班人员和有关人员应在设备发生故障时和故障后，对设备进行巡视和检查并做好记录。

（4）自然灾害和大负荷时，主要是巡查水灾、火灾、地震及鸟类频繁活动季节时的设备有无异常和设备大负荷时各部节点有无过热、发红、冒火、热气流现象。高峰负荷时，应选择无月光的前半夜进行巡视并同时静听设备各部分有无异音。

3. 特殊巡视重点内容

（1）夜间巡视时，应主要巡视设备各部节点、绝缘子、套管等设备外绝缘，有无放电、闪络、冒火现象。

（2）天气突变时应主要巡视：大风、大雪、初雪、暴雨、浓雾、雷电等对设备的威胁。

（3）开关故障跳闸后，应检查开关出口附近有无明显故障现象以及端子过热、机械部分损坏等现象。

三、H 桥级联型 SVG 运行与维护

1. 整体设备运行规定

无功补偿装置调管设备的任何停送电操作和设备检修均应取得相应调度机构调度值班人员的许可。

（1）设备运行时，严禁私自打开一次设备网门，以防止他人和自己误入。

（2）设备运行时，保持运行设备的密闭状态。功率柜在运行时，严禁打开功率柜柜门。

（3）SVG 在运行中严禁分断 SVG 控制柜电源。

（4）绝缘子、瓷柱等瓷质表面应清洁，无损坏、裂纹、烧痕、放电现象，绝缘子的泄漏比距应满足Ⅲ级污秽级别的要求。

（5）装置温度应正常，无异音、冒烟、过热、变色等现象。

（6）开关操作机构箱应密封良好，机构内应清洁，无漏油、漏压和锈蚀等现象。液压机构、气压机构压力表指示正常。

（7）刀闸、开关开合位置正确，触头接触良好，防误操作装置完好。

（8）导线弛度合适，无挂落杂物，无烧伤断股及接点发热现象。

（9）装置（包括构架）各部螺栓连接应可靠、不松动，垫圈齐全。

（10）功率模块单元无异常声响，各电气联结点及模块散热器本体温度正常，功率室内空调工作正常。

（11）散热风机应正常工作，风腔应清洁。控制箱门应关好，装置平台清洁、无杂物、无积水。

（12）SVG 检修时必须做好停电措施，设备在至少停电 15min 后方可装设接地线，任何人不得在未经放电的电抗器和 IGBT 功率模块上进行任何工作。

（13）SVG每年进行一次全面的维护，包括各元件的外观检查，各支路电感值的测试，元件及绝缘子表面的去污，模块清洁维护等内容。支路电感值的实测值与铭牌值（单个元件和每相总计值）相对误差在±2%范围内。

2. 电压、电流互感器运行与维护

（1）互感器各连接部位应该接触良好，无发热、变色现象，运行声音正常。

（2）互感器瓷质部分应无破损和放电痕迹。

（3）电压互感器二次保险器，每年春、秋检查时，应定期检查一次并记录。

（4）电压互感器二次不准短路，电流互感器二次不准开路。

（5）二次端子盒及电缆穿管处应密封良好。

3. 避雷器运行与维护

（1）避雷器的接地应良好。

（2）避雷器放电计数器应完好，雷电后应该检查放电计数器动作情况，并计入专用记录簿中，如发现避雷器动作次数异常增加，应及时通知生产部防雷负责人。

（3）避雷器不倾斜，瓷件表面应保持清洁、无破损，底座绝缘应完好无裂纹。

4. 母线、刀闸运行与维护

（1）母线、刀闸各部分接点应接触良好、不发热，接点最高温度不超过70℃。

（2）母线及设备引线应无断股或烧伤痕迹。

（3）刀闸的瓷件应清洁、完好、无损坏。

（4）防误闭锁装置应操作灵活，每年应进行两次检查、涂油。

5. 接入电抗器运行与维护

（1）电抗器工作时应无异常声响。

（2）各部分接点应接触良好、不发热，接点最高温度不得超过70℃。

（3）电抗器本体温升小于50℃，最高温度小于90℃。

6. SVG控制监测屏柜运行与维护

（1）SVG控制监测屏柜中央信号指示正常，各状态指示与断路器实际位置相符。

（2）人机界面屏仪表指示正常，就地工作站屏幕显示正常，显示数据与仪表相符。

（3）SVG控制室空调工作正常，温度范围为20～30℃。

（4）运行人员清扫控制屏柜二次线时，使用的清扫工具应干燥，金属部分应包好绝缘，工作人员应穿长袖工作服，戴线手套，工作时将手表摘下，并应小心谨慎清扫，不能用力抽打，以免引起保护动作。

7. 功率模块运行与维护

（1）运行参数：

1）散热风机正常运行，模块散热器温度不得高于70℃。

2）各电气连接点温度小于70℃。

3）功率模块安装室空调工作正常，室温略小于散热器温度，温度为30～50℃。

（2）运行及维护：

1）功率模块是SVG的核心部分，工作环境复杂，IGBT开通关断时产生较大的电压电流变化，功率器件和控制板卡集成在模块内，装置工作过程中也会有一定的噪声和振动，当有较大电流通过功率模块时，导致功率模块发热，为防止模块温度过高而损坏器件，必须保证风腔散热通畅。

2）模块采用抽拉方式固定于框架上，如发现模块故障，可及时更换备用模块以避免长时间维修耽误实验周期。

3）定期查看功率模块外表是否腐蚀，接线绝缘层是否破裂、炭化等。

4）定期清洁功率模块外表积尘，清除风腔管道积尘。

5）定期检查散热风机是否正常工作。

6）禁止拉扯光纤或以较大曲率弯曲、折叠光纤，对光纤的清洁应采用酒精擦拭，禁止经常插拔光纤头。

四、H 桥级联型 SVG 操作规定

与 SVC 的操作相比，SVG 的操作更加复杂，有必要单独做出规定，提醒运行人员注意。

1. 投运

（1）检查控制屏上各控制单元、站控工作是否正常，有无告警信息，检查 SVG 功率柜散热用的风机运转是否良好。

（2）如果存在故障，应排除故障后再将 SVG 上级断路器合闸。

（3）为了减小 SVG 上级断路器合闸时对系统的冲击，SVG 上级断路器合闸前应保证旁路接触器分闸。

（4）SVG 上级断路器合闸后，要通过监控装置观察设备各相功率单元电压是否正常，各相功率单元间的电压是否平衡，如有异常应及时将断路器分闸。

2. 停运

（1）将 SVG 由运行转待机，使动态无功补偿设备的输出电流为零。

（2）断开动态无功补偿设备断路器。

（3）如果转换开关处于"运行"状态便分开上级断路器，如果动态无功补偿设备的输出电流不为零，连接电抗器中的电流就会对功率单元造成冲击。

五、H 桥级联型 SVG 异常处理

区别于电容器和 SVC，SVG 从原理、结构到组件都更复杂，且专业性更强，通常对此类设备的异常处理工作中，都要求设备厂家的专业技术人员参与，本节只介绍一些典型异常的处理办法。

1. 温度故障

（1）现象。温度故障一般是指功率单元温度过高，设备立即跳闸，上位机弹出红色警告对话框显示"温度保护"。

（2）处理。检查空调运行是否良好，将室内换气装置开启，打开备用空调，等待室内温度降低后重新启动设备。

2. 装置停止工作

(1) 检查充电接触器是否吸合。

(2) 检查控制柜电源是否正常。

(3) 检查连接电缆及螺钉是否松动。

(4) 检查系统电压有无波动，是否停电。

(5) 检查控制柜电源是否正常。

(6) 检查变压器是否正常。

(7) 检查控制柜中各电路板输出信号是否正常。

(8) 检查厂用电压是否正常。

3. 功率单元故障

(1) 检查功率单元控制电源是否正常。

(2) 检查控制柜中发出的驱动信号是否正常。

(3) 检查功率单元电源是否正常。

(4) 检查功率板是否正常。

4. 工控机异常

(1) 检查工控机种电源是否正常。

(2) 检查显示器驱动板是否正常。

(3) 检查功率单元光纤通信是否正常。

(4) 检查功率单元控制电源是否正常。

(5) 检查功率单元以及控制柜的光纤连接头是否脱落。

(6) 检查光纤是否折断。

5. 功率单元过压、过流故障

(1) 检查柜间连线是否断开。

(2) 检查光纤连接头是否脱落。

(3) 检查光纤是否折断。

六、小结

本节内容基本适用于 H 桥级联型的 SVG，也可以作为 MMC 结构无功补偿设备运行维护工作的指导和参考。

第六节 TCSC 型可控串联补偿设备的运行维护

对于输电线路的串联补偿设备，本节依照公开的相关企业标准、设备运行维护手册及相关文献，以 TCSC 型可控串联补偿设备为例展开介绍。

一、TCSC 型可控串联补偿设备运行方式

串联补偿装置运行过程中主要存在：正常方式、热备用方式、冷备用方式、检修方式四种工作方式，具体见表 4-6。

表 4 - 6　　　　　　　　　　　　串联补偿装置运行方式

运行方式	旁路断路器	旁路隔离开关	串联隔离开关	串补接地开关	控制及保护设备
正常方式	断开	断开	合入	断开	投入
热备用方式	合入	断开	合入	断开	投入
冷备用方式	任意	任意	断开	断开	任意
检修方式	任意	任意	断开	合入	退出

二、TCSC 型可控串联补偿设备验收

1. 验收基本要求

(1) 设备验收前，应检查具备完整的产品说明书、合格证、部件型式试验报告、出厂试验报告、现场安装记录及交接试验报告、铭牌和运行编号等。

(2) 设备外观应整洁，标识准确、清晰。

(3) 设备安装牢固可靠，无锈蚀或损伤；安装高度、构架及横担的强度应满足要求；相邻设备之间的距离应满足设计要求；设备有关现场制作件应符合设计要求。

(4) 各种设备之间的一次接线、电缆、光纤等接线应清晰正确，与施工图纸相符合。

(5) 对于专业性强、操作复杂的试验项目以检查试验报告为主，可采取抽查方式进行现场试验验证。设备的备品、备件和专用工具应齐全。

2. 电容器组验收

电容器组验收基本与电力电容器验收注意事项一致，需注意以下几点：

(1) 电容器架构应保持在水平及垂直位置。

(2) 每个电容器的安装应使其铭牌面向通道一侧，并有顺序编号。

(3) 电容器端子引出线连接牢固，套管导电杆应无弯曲或螺纹损坏，垫圈、螺母齐全，外壳应无凹凸或渗油现象。

(4) 电容器的连接线宜采用软连接，或采用有伸缩节的铜排（或铝排），紧固力矩符合安装要求。

(5) 电容器外壳均应接到固定电位上，不应与串补平台有多点接地。

(6) 投运前应检查电容器组配平表，并对电容器组不平衡值进行实测，试投时电容器不平衡保护不得退出运行。

3. MOV 验收

(1) MOV 安装垂直度应符合要求。

(2) MOV 外部应完整无缺损，封口处密封应良好；硅橡胶复合绝缘外套伞裙应无破损或变形。

(3) MOV 绝缘基座及接地应良好、牢靠，接地引下线截面应满足热稳定要求；接地装置连通应良好。

4. 触发间隙验收

(1) 一次连线正确牢固，控制触发回路接线正确可靠。各部件螺栓紧固力矩等符合

安装要求。

（2）具有主间隙小室的触发间隙，主间隙小室、石墨电极、铜电极以及触发回路元器件外观良好无损伤；间隙距离测量值应符合厂家提供的技术指标；间隙小室门应密闭良好，可靠上锁。

（3）测量均压电容器和电容型穿墙套管的电容值应符合相关规定要求。

（4）通过检查试验报告及调试记录，确认触发回路功能正常。

5. 晶闸管阀验收

（1）晶闸管阀各功能单元工作正常，所有显示数值均处于正常范围。

（2）进行调节或闭锁状态阀组触发信号的完整性检查，采用编码方式应保证编码数据的完整性，采用非编码方式应保证触发脉冲的宽度符合设计要求。

（3）触发信号的输出通道冗余功能应正常，当某输出通道故障时应自动切入备用通道，且阀组触发不受影响，通道故障事件应报事件信息。

（4）VBE电源实时监视功能应正常，防止电源故障或电源功率不足时发出触发信号。

6. 冷却系统验收

（1）水冷系统主循环泵温度应正常，噪音应满足运行要求，三相对地绝缘应正常，三相运行电流应正常。

（2）水冷系统各功能单元工作正常，所有显示数值均处于正常范围。

（3）检查水冷系统各种接头、封头无渗漏，各种压力表读数准确，各种滤芯无堵塞，各种阀门位置正确，各种螺栓连接紧固。

（4）主、备系统进行切换试验，系统运行状态应正常。

7. 光纤柱验收

串补平台上的光纤柱非常重要，承担着送能和信号传输的作用。验收内容包括：

（1）光纤柱拉力合适。

（2）光纤柱复合绝缘表面完好，无损伤及严重变形，憎水性良好。

（3）光纤柱均压环安装正确牢固、无变形。

8. 串补平台验收

（1）串补平台垂直度满足相关规定要求。

（2）串补平台四周照明设施良好；视频监视探头布置合理，可对串补设备进行有效监视。

（3）串补平台控制箱内干净整洁，无铁屑等导电杂质；箱体内的隔热海绵无松动、脱落现象。

（4）串补平台控制箱的密封橡胶条密封良好，无老化和脱落现象；箱门与箱体的连接导线要求连接牢固、接触良好；箱门应密闭良好，可靠上锁。

（5）串补平台控制箱内进线孔内壁均要求套有护线套，脱落或老化的要及时更换。

（6）串补平台控制箱的接地线要与串补平台可靠接触。

（7）串补平台上各种电缆金属外护套两端与控制箱体或电流互感器等设备外壳可靠

接触和固定。

9. 电抗器验收

串补用电抗器应满足电抗器相关设备运行规范中的规定要求。

10. 互感器验收

串补用电压、电流互感器应满足电压、电流互感器相关设备运行规范中的规定要求。

11. 旁路断路器验收

旁路断路器应满足断路器相关设备运行规范中的规定要求。

12. 隔离开关验收

旁路隔离开关、串联隔离开关、接地开关应满足隔离开关相关设备运行规范中的规定要求。

13. 母线验收

串补连接母线应满足母线相关设备运行规范中的规定要求。

14. 支柱绝缘子验收

支柱绝缘子应满足绝缘子相关设备运行规范中的规定要求。

15. 控制及保护设备验收

(1) 控制及保护设备应满足继电保护相关设备运行规范中的规定要求。

(2) 220kV及以上电压等级的控制及保护设备按双重化配置，其电源、继电器、二次回路等应相互独立。

(3) 控制及保护设备应就地与等电位接地网可靠连接。

(4) 正常运行状态的控制及保护设备指示灯等应正常，退运的设备应有明显的标识。

(5) 控制及保护设备应与设计图纸及设备说明书一致。

16. 防误闭锁设备验收

(1) 防误闭锁设备应满足防误闭锁相关设备运行规范中的规定要求。

(2) 串补围栏门、串补平台爬梯应具有安全防护措施。

17. (交) 直流设备验收

(交) 直流设备应满足电源相关设备运行规范中的规定要求。

三、TCSC型可控串联补偿设备巡视及检查

1. 巡视基本要求

(1) 串补装置各设备集中安装在平台上或附近，每次巡视应全面具体，对平台上的设备巡视可借助仪器进行。

(2) 按规定的巡视路径进行设备的巡视检查，携带的巡视工具有望远镜、红外测温仪等，夜间还应有照明工具。

(3) 巡视周期规定：

1) 投入电网运行或处于备用状态的串补装置必须定期进行巡视检查。

2）有人值班变电站交接班时巡视 1 次，每天正常巡视不少于 2 次；每周至少进行 1 次熄灯巡视。

3）无人值班变电站每月巡视不少于 1 次；每月至少进行 1 次熄灯巡视。

4）根据天气、负荷情况、设备健康状况以及新投、检修、事故后、节假日保电及其他特殊要求进行特殊巡视。

2. 串补平台巡视

（1）串补平台正常巡视检查项目：

1）通过望远镜检查各电容器外壳应无凹凸或渗油现象。

2）通过望远镜检查电容器组无搭挂杂物。

3）通过监控系统监视串补装置的运行数据处于正常范围内，对于告警或故障信息应根据缺陷管理相关要求进行处理。

4）电容器组红外测温检查部位主要考虑引线接头和电容器外壳，以及电流流过的其他主要设备。

5）检查瓷瓶应清洁、无裂纹、无破损和放电痕迹。

6）检查引线应无松股、断股、过紧、过松等异常。

7）检查串补围栏应完好，标示牌悬挂正确。

8）检查瓷绝缘支柱应无倾斜现象。

9）检查支柱绝缘子各连接部位应无松动现象，金具和螺栓无锈蚀现象。

（2）串补平台特殊巡视检查项目：

1）高温季节重点检查电容器应无鼓肚、渗漏油、导线松股或断股。

2）刮风季节检查电容器围栏附近应无易刮起的杂物。

3）雷雨季节检查串补平台基础应无倾斜下沉。

4）春季检查电容器组、间隙装置、阻尼装置、MOV 上应无鸟巢。

5）大雾、霜冻、雨、雪时检查应无严重打火、放电、电晕等现象。

6）事故后重点检查信号和继电保护动作情况。检查事故范围内的设备情况，如导线应无烧伤、断股，电容器外观应正常，无喷油、瓷瓶闪络等情况。

3. 晶闸管阀巡视

（1）晶闸管阀的正常巡视检查项目为在平台围栏外察看晶闸管阀室的门应关闭良好，套管绝缘子无闪络现象，阀室外面无搭挂杂物等。观察阀室底部、水冷绝缘子外部无漏水现象。

（2）晶闸管阀的特殊巡视检查项目为当晶闸管阀的控制及保护设备动作 TCSC 永久旁路时，应向调度申请将串补装置转检修状态，对晶闸管阀进行检查。检查晶闸管阀是否有闪络痕迹，光纤触发回路是否有异常等。

（3）每年（或在停电晶闸管阀退出运行后）进行的巡视检查项目：

1）检查晶闸管阀的外观应正常。

2）检查各部分连接应紧固（用力矩扳手检查）。

3）检查晶闸管阀组的压紧弹簧应正常。

4) 检查光纤系统的连接应正常。

5) 用万用表测量均压电路的电阻电容值应无明显变化；如果电阻或电容值变化超过 20％额定值，应进行更换。

6) 检查晶闸管、绝缘材料以及支撑绝缘子表面应无积灰。

4. 冷却系统巡视

(1) 检查冷却系统的压力、流量、温度、电导率等仪表的指示值应正常，无明显漏水现象。

(2) 检查水位应正常，水位过低需补充冷却水。

(3) 检查循环水泵无异常声响，温度应正常。

(4) 检查户外散热器风机转动应正常。

(5) 检查户外散热器通道应无堵塞，无异物。

(6) 检查各阀门应开闭正确，无渗漏，等电位线连接良好。

(7) 检查交流电源屏各开关位置应正确，接线牢固，无过热现象。

5. 旁路断路器巡视

旁路断路器巡视要求应满足断路器相关设备运行规范中的规定要求，本节不再赘述。

6. 隔离开关巡视

旁路隔离开关、串联隔离开关、接地开关的巡视要求应满足隔离开关相关设备运行规范中的规定要求，本节不再赘述。

7. 母线巡视

串补连接母线的巡视要求应满足母线相关设备运行规范中的规定要求，本节不再赘述。

8. 支柱绝缘子巡视

支柱绝缘子的巡视要求应满足绝缘子相关设备运行规范中的规定要求，本节不再赘述。

9. 控制及保护设备巡视

(1) 控制及保护设备巡视要求应满足继电保护相关设备运行规范中的规定要求，本节不再赘述。

(2) 检查控制及保护设备运行/故障灯等应正常，激光电源运行灯应正常。

(3) 光纤出现不通、断伤等异常而造成串补装置告警时应向调度汇报，将串补装置停运，并通知检修人员进行处理。

(4) 检查二次设备控制室内空调应正常运行，室内无杂物或小动物。

10. 监控设备巡视

(1) 监控设备巡视应满足监控相关设备运行规范中的规定要求，本节不再赘述。

(2) 检查监控设备显示内容和运行/故障灯等应正常。

11. 防误闭锁设备巡视

(1) 防误闭锁设备的巡视要求应满足防误闭锁相关设备运行规范中的规定要求。

(2) 串联补偿设备处于运行方式、热备用方式或冷备用方式时，串补围栏门、串补平台爬梯应处于锁止状态。

12.（交）直流设备巡视

（交）直流设备巡视要求应满足电源相关设备运行规范中的规定要求。

四、TCSC 型可控串联补偿设备操作

串联补偿设备操作关系到输电线路的安全运行，有必要单独介绍其操作规则。

1. 串联补偿设备操作基本要求

（1）电气倒闸操作应严格遵守国家电网公司《电力安全工作规程》中的有关规定。

（2）串联补偿设备的旁路断路器及隔离开关（含接地开关）宜采用远方操作。

2. 串联补偿设备操作技术规定

（1）操作前应明确串联补偿设备操作任务，核对当时串联补偿设备的运行方式是否与操作任务相符。

（2）投入操作前检查串联补偿站内相关设备状态应正常，无异常告警信号。

（3）一般情况下，带串联补偿设备的线路停运操作顺序是先停串联补偿设备、后停线路；送电操作顺序是先送线路、后投串联补偿设备。

（4）一般情况下，可控串联补偿设备投入时，先投入可控部分、后投入固定部分；可控串联补偿设备退出时，先退出固定部分、后退出可控部分。

（5）可控串联补偿设备投入运行前应投入水冷装置，水冷装置运行正常后，在可以投入可控装置的允许信号时，方可将可控串联补偿设备投入运行。

（6）可控串联补偿设备阻抗调解应优先采用自动操作方式；如果采用手动操作方式，应根据相应可控串联补偿设备厂商提供的操作顺序进行操作。

（7）检修时，串联补偿设备退出运行应先合上串联补偿设备平台两侧接地开关，接地放电时间不小于 15min，然后方能进入串联补偿设备网门内使用平台爬梯。

（8）接触停电的电容器前应先行放电。

（9）串联补偿设备停电检修时应将相关联跳线路保护的压板及二次电源断开，以防保护误动或一次设备误动伤人。

3. 串联补偿设备操作中有关验电工作的规定

（1）串联补偿设备操作中的验电工作应按照相关设备验电工作的规定执行。

（2）串联补偿设备验电时，无专用验电器或无法进行直接验电时可采用间接验电。

（3）串联补偿设备停电后应等待电容器自放电结束后再进行验电操作。

4. 串联补偿设备操作中合接地开关和挂上、拆除临时接地线的规定

（1）串联补偿设备操作中合接地开关和挂上、拆除临时接地线应按照相关设备接地的规定执行。

（2）串联补偿设备平台应在挂上临时地线后竖起爬梯；在所有人员及仪器撤离平台并验收无误、放下爬梯并锁好后，方可拆除平台临时地线。

（3）使用继电保护测试仪等检测仪器对串联补偿设备进行检查前，应对检测仪器进行可靠接地。

5. 串联补偿设备操作中填写、执行操作票的规定

（1）操作票填写、执行应严格遵守国家电网公司《电力安全工作规程》等有关操作

票管理的要求。

（2）打开（关上）串联补偿设备围栏门、串联补偿设备平台围栏门及竖起或放下平台爬梯等内容应填入操作票。

（3）串联补偿设备检修后送电前，检查送电范围内（串联补偿设备平台上、串联补偿设备围栏内）接地线（含接地开关）、短路线已拆除（或拉开），应填入操作票。

6. 串联补偿相关设备的操作规定

（1）旁路断路器的操作：

1）旁路断路器的常规操作应满足断路器相关设备运行规范中的规定要求。

2）旁路断路器在正常运行情况下应通过远方操作分、合闸，紧急情况下，可以采用就地合闸操作。

（2）隔离开关的操作：

1）旁路隔离开关、串联隔离开关、接地开关的常规操作应满足隔离开关相关设备运行规范中的规定要求。

2）隔离开关操作前应检查确认旁路断路器在合闸位置，相应接地开关已拉开，送电范围内的临时接地线已拆除。

（3）控制及保护设备的操作：

1）控制及保护设备的常规操作应满足继电保护相关设备运行规范中的规定要求。

2）串联补偿设备不允许在无保护状态下运行，串联补偿设备运行时至少应有一套控制及保护设备处于正常运行状态。

3）串联补偿设备运行中的控制及保护设备必须按调度命令进行投退。控制及保护投入时应先检查状态正常，后投入联跳线路压板；控制及保护退出时应先退出联跳线路压板，后闭锁保护。

4）控制及保护设备动作、旁路断路器合闸后应立即向调度和主管部门汇报。当发生旁路断路器三相合闸且没有自动重投时，经检查串联补偿设备无异常情况后，由调度根据系统运行情况决定本套串联补偿设备是否需要手动重新投入。

5）正常运行中严禁操作串联补偿设备紧急合闸切换把手（或按钮）。

（4）监控设备的操作：

1）监控设备的常规操作应满足监控相关设备运行规范中的规定要求。

2）运行人员应定时切换巡视监控画面，查看确保设备间通信正常，串联补偿设备数据应正确，且无告警信息。

3）串联补偿设备进行相应操作时，监控设备应无异常告警信号，通过监控设备检查串补回路电流、FSC 及 TCSC 的电容电流、电容器组不平衡电流、MOV 温度变化等应正常。

4）当投入可控部分时，通过监控设备检查可控部分电容器电压三相平衡，阻抗值、触发角度应在规定范围内。

（5）防误闭锁设备的操作：

1）防误闭锁设备的操作严格遵守国家电网公司《电力安全工作规程》及有关防误

闭锁设备管理规范的要求。

2）串联补偿设备转为检修方式时，允许对串联补偿设备围栏门、串联补偿设备平台爬梯采取解锁操作；串联补偿设备从检修方式转为其他运行方式时，应检查确保送电范围内（串联补偿设备平台上、串联补偿设备围栏内）无遗留人员和物品、无接地线后，将串联补偿设备围栏门、串联补偿设备平台爬梯恢复锁止状态。

（6）（交）直流设备的操作：

1）（交）直流设备的常规操作应满足电源相关设备运行规范中的规定要求。

2）如采用激光送能装置，线路送电前应将其电源预先启动。

五、TCSC 型可控串联补偿设备缺陷管理

串联补偿设备属于输电设备，在运行中应尽可能保证持续运行，允许带缺陷运行，本节简单介绍串联补偿设备的缺陷管理。

1．缺陷管理基本要求

（1）串联补偿设备的缺陷管理及处理应严格执行国家电网公司《电力安全工作规程》和有关设备管理规范的要求。

（2）运行人员发现缺陷后应对缺陷进行定性，记录缺陷并报告相关主管部门。

（3）发现缺陷应及时处理，实行对缺陷的闭环管理。

2．缺陷分类及处理

串联补偿设备的缺陷通常指组成串联补偿设备的部分设备出现损坏、绝缘不良或不正常的运行状态，分为危急缺陷、严重缺陷和一般缺陷。

（1）危急缺陷。运行人员在日常巡视检查中发现串联补偿设备发生表 4-7 中所列情形之一者，应定为危急缺陷。运行人员应立即向调度和主管部门汇报，并记录缺陷，密切监视缺陷发展情况，必要时可迅速按调度命令将串联补偿设备退出运行。

表 4-7　　　　串联补偿设备危急缺陷

设备名称	危急缺陷
串联电容器组	1. 电容器有壳体破裂、漏油现象。 2. 引线接头部位红外测温发现危急异常情况。 3. 电容器本体红外测温发现危急异常情况。 4. 设备运行中有异常振动、声响（漏气声、振动声、放电声等）。 5. 瓷套外表面有明显放电现象。
MOV	1. MOV 瓷套或合成外套有严重破裂现象。 2. MOV 压力释放通道（防爆膜）打开
触发间隙	间隙室外观有破损、放电痕迹
阻尼设备	阻尼电阻破裂
（可控串补）晶闸管阀	阀室漏雨
（可控串补）冷却系统	水冷管路及其部件有破裂、漏水现象

（2）严重缺陷。运行人员在日常巡视检查中发现串联补偿设备发生表 4-8 中所列情形之一者，应定为严重缺陷。运行人员应及时向调度和主管部门汇报，并记录缺陷，密切监视缺陷发展情况，在规定时间内安排处理。

表 4-8 　　　　　　　　　　　　　　串联补偿设备严重缺陷设备

设 备 名 称	严 重 缺 陷
串联电容器组	1. 电容器组不平衡电流达到或超过运行规程规定的报警值。 2. 电容器瓷套有破损现象。 3. 电容器有壳体鼓肚、渗油现象。 4. 引线接头部位红外测温发现严重异常情况。 5. 电容器本体红外测温发现严重异常情况。 6. 瓷套外表面有较严重电晕
MOV	1. MOV 瓷套或合成外套有破损现象。 2. 引线端子板有变形、开裂现象
阻尼设备	1. 阻尼电抗器线圈断股。 2. 阻尼回路 MOV 表面破损
平台架构	1. 平台基础有明显不均匀沉降现象。 2. 平台支柱绝缘子表面有严重积污
光纤柱	光纤柱复合绝缘表面有严重损伤、变形
（可控串补）晶闸管阀	阀室表面严重污秽
（可控串补）冷却系统	1. 水冷系统主循环泵温度异常，噪音大。 2. 水冷管路及其部件等有渗水现象

（3）一般缺陷。运行人员在日常巡视检查中发现串联补偿设备发生表 4-9 中所列情形之一者，应定为一般缺陷。运行人员应向调度和主管部门汇报，并记录缺陷，在规定时间内安排处理。

表 4-9 　　　　　　　　　　　　　　　串联补偿设备一般缺陷

设 备 名 称	一 般 缺 陷
串联电容器组	1. 电容器外观、固定连接螺栓有较严重的锈蚀或油漆脱落现象。 2. 引线接头部位红外测温发现一般异常情况。 3. 电容器本体红外测温发现一般异常情况
MOV	MOV 外绝缘有明显积污
平台架构	平台支柱绝缘子外观有破损、法兰面有锈蚀现象
光纤柱	光纤柱复合绝缘表面有损伤、变形
（可控串补）晶闸管阀	阀室通风不畅
（可控串补）冷却系统	户外散热器通道堵塞，有异物

六、TCSC 型可控串联补偿设备故障处理

（1）串联补偿相关设备运行中出现的与常规设备相似的故障及其处理预案应满足相关设备运行规范中的规定要求。

（2）当串联补偿设备运行中出现过负荷情况时，运行人员应加强串联补偿设备监视，并向调度和主管部门汇报。

（3）旁路断路器的故障处理：

1）当旁路断路器失去操作能力时，运行人员应立即向调度和主管部门汇报。

2）运行中误合旁路断路器将串联补偿设备退出时，运行人员应立即向调度和主管部门汇报，检查线路运行是否正常以及串联补偿设备有无异常后，根据调度命令可重新分开旁路断路器，将串联补偿设备投入运行。

3）串联补偿设备监控设备出现异常无法操作旁路断路器时，运行人员应在旁路断路器汇控箱上进行操作。

（4）隔离开关的故障处理旁路隔离开关、串联隔离开关、接地开关的故障及其处理预案应满足隔离开关相关设备运行规范中的规定要求。

（5）晶闸管阀的故障处理：

1）晶闸管阀拒绝触发保护动作后，运行人员应向调度申请退出串联补偿设备，并通知检修人员对晶闸管阀及其相关光纤连接系统进行检查。

2）晶闸管阀发生不对称点火后，运行人员应向调度申请退出串联补偿设备，并通知检修人员对晶闸管阀及其触发回路进行检查。

3）发生闭环控制系统、VBE 永久闭锁后，运行人员应向调度申请退出串联补偿设备，并通知检修人员对晶闸管阀及其触发回路进行检查。

（6）冷却系统的故障处理：

1）停运装置，并通知检修人员对冷却系统进行检查。

2）当冷却水导电率过高或冷却水流量过低，如果自动隔离成功，运行人员应通知检修人员对冷却系统进行检查；如因自动隔离失败引起联跳线路，运行人员向调度申请退出串联补偿设备后恢复线路运行，并通知检修人员对冷却系统进行检查。

（7）控制及保护设备的故障处理：

1）控制及保护设备运行中出现异常情况时，运行人员应先检查、记录监控设备和控制及保护设备的相应告警记录和告警信号；随后通过监控设备复归告警信号，如果复归失败，则应通知检修人员进行检查；如果需要对保护功能模块进行详细检查或根据需要更换保护插件时，应向调度申请按相关操作要求退出该控制及保护设备，并通知检修人员进行处理。

2）两套控制及保护设备全部故障时，运行人员应立即向调度和主管部门汇报，将串联补偿设备停运；检查、记录监控设备和控制及保护设备的相应告警记录和告警信号，并通知检修人员进行处理。

3）控制及保护设备故障时，应将其所对应的联跳线路保护功能压板退出。

4）串联补偿设备故障、控制及保护设备功能失效时，可使用紧急合闸切换把手（或按钮）将串联补偿设备退出。

（8）监控设备故障处理：

1）当监控设备出现死机或电源故障时应迅速恢复。无法恢复时，运行人员应向调度和主管部门汇报，并通知检修人员进行处理。

2）当监控设备不能正常操作时，运行人员应检查控制锁是否打开、操作步骤是否正确、闭锁条件是否解除、设备操作电源是否合好等。

3）当监控设备出现网络中断时，运行人员应检查网络通信情况；如运行人员无法恢复，应及时通知检修人员进行检查处理。

（9）防误闭锁设备的故障处理：

1）操作时防误闭锁设备不能通过时，运行人员应先检查核对操作设备是否正常，操作票中操作步骤是否正确，不应强行解除闭锁装置或强行毁坏闭锁装置。

2）操作中因防误闭锁设备故障而不能操作时，需解锁操作时应履行的相关许可手续，并通知检修人员进行检查处理。

（10）（交）直流设备故障处理：

1）当激光电源投入使用的过程中出现故障时，应向调度申请退出对应的控制及保护装置，同时通知检修人员处理。

2）当两路电源同时故障引起旁路断路器紧急旁路合闸、串联补偿设备停运时，应及时汇报调度，并通知检修人员处理。

3）当出现直流接地等需要断开直流电源的问题时，应通知检修人员，待检修人员到达现场后才能拉合直流电源，必要时应申请退出串联补偿设备。

4）可控串联补偿设备保护小室或水冷系统的两路电源故障断开后，在恢复上电时应先启动水冷系统，待水冷系统正常后，重新启动监控设备，解除阀闭锁，待正常后再投入串联补偿设备。

七、小结

TCSC 型串联补偿设备的运维工作专业性很强，要与培训、技术管理工作相结合。本节介绍的 TCSC 型串联补偿设备的运行及维护内容只是针对设备本身而言，实际运行中，还需要考虑整条线路的运行方式、调度方式和变电站其他规定。

第七节　小　　结

本章介绍了各种主流无功补偿设备的运行维护工作。其中，与并联电容器相关的内容可以直接作为实际运维工作的依据；而对于其他无功补偿设备，本章介绍的内容主要为通用性、典型性的内容，篇幅所限，各个设备厂家之间的差异性内容并未提及。

对于晶闸管控制的无功补偿设备和基于可关断器件的无功补偿设备，涉及的设备、技术和控制方式多种多样，涉及的各类标准也非常繁杂，实际工作中很难取得所有资料并全面理解。设备厂家提供的说明书、运行维护手册和图纸等资料，能够基本说明设备的特点和运维要求，因此，在此类无功补偿设备的运行维护工作中，设备厂家提供的资料非常有参考意义。

　　需要注意的是，在实际工作中，本章所描述的内容和厂家提供的资料可以作为运维工作的参考，当这些内容与变电站其他规范或标准不一致时，应以变电站标准或规范为准。

无功补偿设备检修

无功补偿设备检修工作，同变电站其他设备一样是保障无功补偿设备正常运行的必要条件。无功补偿设备检修工作包含无功补偿设备检修计划、检修标准、检修内容、检修报告和检修后投运等内容。

所有国家电网公司所属电网内运行的高压无功补偿设备检修工作，都应遵守《国家电网公司变电检修管理规定》中的相关条款；对于用户变电站的高压无功补偿设备，还应遵守用户特有的关于检修工作的规定。本章第一节简单介绍《国家电网公司变电检修管理规定》中涉及无功补偿设备的重点内容，对于用户特有的规定，本章不做论述，相关从业者在实际工作中应遵循明文规定。

针对各类无功补偿设备各自的特点，本章重点对并联电容器、TCR（MCR）型SVC、H桥级联型SVG、TCSC型可控串联补偿设备展开描述。对于高压无源FC的运维检修工作，与SVC合并介绍。对于SSSC类型的串联无功补偿设备的检修工作，由于在运行项目数量极少，本章不做介绍，实际工作中，建议参考变电检修规定和相关设备资料进行检修。对于低压电容器和低压APF等设备，一般参照变电站通用运行维护规定和各类产品的厂家说明书开展运行维护工作，本章不做介绍。

本章对于各类无功补偿设备检修工作的介绍侧重技术类描述，关于组织性、原则性和流程性的内容，统一在本章第一节介绍。

第一节　国家电网公司变电检修管理规定

《国家电网公司变电检修管理规定》（以下简称《检修管理规定》）是国家电网公司为规范变电检修管理，提高检修水平，保证检修质量，依据国家法律法规及公司有关规定，制定的检修管理指导性文件。篇幅所限，本节简要介绍与无功补偿设备相关性较强的部分内容。

一、变电检修工作原则

《检修管理规定》中，对变电检修的工作内容进行了明确规定，包括计划、组织和实施，变电检修管理坚持"安全第一，分级负责，精益管理，标准作业，修必修好"的原则。

（1）安全第一指变电检修工作应始终把安全放在首位，严格遵守国家及公司各项安全法律和规定，严格执行《国家电网公司电力安全工作规程》，认真开展危险点分析和预控，严防人身、电网和设备事故。

（2）分级负责指变电检修工作按照分级负责的原则管理，严格落实各级人员责任制，突出重点、抓住关键、严密把控，保证各项工作落实到位。

（3）精益管理指变电检修工作坚持精益求精的态度，以精益化评价为抓手，深入工作现场、深入设备内部、深入管理细节，不断发现问题，不断改进，不断提升，争创世界一流管理水平。

（4）标准作业指变电检修工作应严格执行现场检修标准化作业，细化工作步骤，量化关键工艺，工作前严格审核，工作中逐项执行，工作后责任追溯，确保作业质量。

（5）修必修好指各级变电检修人员应把修必修好作为检修阶段工作目标，高度重视检修前准备，提前落实检修方案、人员及物资，严格执行领导及管理人员到岗到位，严控检修工艺质量，保证安全、按时、高质量完成检修任务。

（6）检修人员在现场工作中应高度重视人身安全，针对带电设备、启停操作中的设备、瓷质设备、充油设备、含有毒气体设备、运行异常设备及其他高风险设备或环境等应开展安全风险分析，确认无风险或采取可靠的安全防护措施后方可开展工作，严防工作中发生的人身伤害。

二、变电检修工作分类

变电检修包括例行检修、大修、技改、抢修、消缺、反措执行等工作，按停电检修范围、风险等级、管控难度等情况分为大型检修、中型检修、小型检修三类。

1. 大型检修

满足以下任意一项的检修作业定义为大型检修：

（1）110（66）kV及以上同一电压等级设备全停的检修。

（2）一类变电站年度集中检修。

（3）单日作业人员达到100人及以上的检修。

（4）其他本单位认为重要的检修。

2. 中型检修

满足以下任意一项的检修作业定义为中型检修：

（1）35kV及以上电压等级多间隔设备同时停电的检修。

（2）110（66）kV及以上电压等级主变及各侧设备同时停电的检修。

（3）220kV及以上电压等级母线停电的检修。

（4）单日作业人员50～100人的检修。

（5）其他本单位认为较重要的检修。

3. 小型检修

不属于大型检修、中型检修的现场作业定义为小型检修。如35kV主变检修、单一进出线间隔检修、单一设备临停消缺等。

对于用于高压、超高压的无功补偿设备，尤其是高压、超高压的串联补偿设备，其检修工作大多应归类于大型检修或中型检修，对于接入点为 35kV 及以下的并联补偿设备的检修工作，可以是大型检修工作的一部分，但单独进行时，大多为小型检修。

三、变电站检修工作计划

检修工作大多属于计划性工作，供电企业需要对检修工作进行严格的计划管理，通常分为年检修计划、月检修计划和周检修计划。对于无功补偿设备的检修计划，一方面与无功补偿设备自身特性有关；另一方面也是更重要的是，要根据变电站运行实际情况制订计划。

四、变电站检修工作准备

检修工作的准备工作包括检修前勘察，落实人员、机具和物资，完成检修作业文本编审等。

1. 检修前勘察

为全面掌握检修设备状态、现场环境和作业需求，检修工作开展前应按检修项目类别组织合适人员开展设备信息收集和现场勘察，并填写勘察记录。勘察记录应作为检修方案编制的重要依据，为检修人员、工机具、物资和施工车辆的准备提供指导。

（1）勘察要求：

1）勘察人员应具备《国家电网公司电力安全工作规程》中规定的作业人员基本条件。

2）外来人员应经过安全知识培训方可参与现场勘察，并在勘察工作负责人的监护下工作。

3）大型检修项目由省检修公司、地市公司运检部组织检修前勘察。

4）中型检修项目由省检修公司分部（中心）、地市公司业务室（县公司）组织检修前勘察。

5）小型检修项目根据检修内容必要时由工作负责人赴现场勘察。

6）检修工作负责人应参与检修前勘察。

7）现场勘察时，严禁改变设备状态或进行其他与勘察无关的工作，严禁移开或越过遮挡，并注意与带电部位保持安全距离。

（2）勘察内容：

1）核对检修设备台账、参数。

2）对改造或新安装设备，需核实现场安装基础数据、主要材料型号及规格，并与土建及电气设计图纸核对无误。

3）核查检修设备评价结果、上次检修试验记录、运行状况及存在缺陷。

4）梳理检修任务，核实大修技改项目以及清理反措、精益化管理要求的执行情况。

5）确定停电范围、相邻带电设备。

6）明确作业流程，分析检修、施工时存在的安全风险，制定安全保障措施。

7）确定特种作业车及大型作业工机具的需求，明确现场车辆、工机具、备件及材料的现场摆放位置。

2．其他准备

（1）检修前的人员准备。检修前的人员准备就是组织一批具有相应资格、能够完成相应检修工作的人员。

（2）检修前的工器具准备。检修前的工器具准备就是要准备好检修工作中所需要的所有工器具，工器具必须经过检查和校验。

（3）检修前的物资准备。检修前的物资准备就是准备好检修过程中所需要的物资，对于易燃易爆、危化物资需要严格依照制度领用和保管。

五、变电检修工作方案

《检修管理规定》对大型检修项目、中型检修项目和小型检修项目检修方案应该包含的内容和编、审、批及备案流程都进行了明确规定。对于无功补偿设备的检修工作，至少需要包含编制依据、工作内容、检修任务、组织措施、安全措施、技术措施、物资采购保障措施、进度控制保障措施、检修验收工作要求、作业方案等内容，具体执行时按照变电站相关规定执行即可。

六、变电检修工作验收

对于无功补偿设备的检修验收工作，需要遵守检修验收的一般要求，同时还需要根据变电站的具体安排，遵守对应的规定。

检修工作验收的一般规则如下：

（1）检修验收是指检修工作全部完成或关键环节阶段性完成后，在申请项目验收前，对所检修项目进行的自验收。

（2）检修验收分为班组自验收、指挥部验收、领导小组验收。

（3）班组自验收是指班组负责人对检修工作所有工序进行的全面检查验收，指挥部验收是指现场指挥部总指挥、安全与技术专业工程师对重点工序进行的全面检查验收，领导小组验收是指领导小组成员对重点工序进行的抽样检查验收。

（4）各级验收结束后，验收人员应向检修班组通报验收结果，验收未合格的，不得进行下一道流程。

（5）对验收不合格的工序或项目，检修班组应重新组织检修，直至验收合格。

（6）关键环节是指隐蔽工程、主设备或重要部件解体检查、高风险工序等。

（7）验收资料至少应保留一个检修周期。

七、故障抢修管理

故障抢修是指设备发生故障或导致非计划停运的危急缺陷后，为消除设备故障和缺陷、恢复正常状态所实施的行为。

根据设备故障对电网的影响程度、设备损坏情况以及抢修过程复杂程度，将设备故障分为四类：

（1）一类故障。一类故障包括 1000kV 主设备故障跳闸、330kV 及以上变电站全停、330kV 及以上主设备发生严重损毁。

（2）二类故障。二类故障包括 330～750kV 主设备故障跳闸、110～220kV 变电站全停、220kV 主设备发生严重损毁。

（3）三类故障。三类故障包括 220kV 主设备故障跳闸、35～66kV 变电站全停、66～110kV 主设备发生严重损毁。

（4）四类故障。四类故障包括 110kV 及以下交流主设备故障跳闸、10～35kV 主设备发生严重损毁。

对于并联型无功补偿设备的故障抢修工作，大多属于三类和四类故障，但对于高压、超高压串联补偿设备的故障抢修工作，大多属于一类或二类故障范畴。实际工作中，无功补偿设备的抢修工作应遵守相关规定和流程。

八、小结

《检修管理规定》中还包含了关于检修工作中的班组管理、外包管理、标准化作业、工器具管理和人员培训等内容，属于通用性的规定，篇幅所限，本节不做介绍。在无功补偿设备的实际检修工作中，必须遵守这些规定。

第二节　并联电容器检修

并联电容器属于电网中安装最广泛的无功补偿装置。本节根据并联电容器检修的相关规定，介绍并联电容器检修工作的内容、要求及流程等，对于《检修管理规定》相关内容，本节不再重复介绍，本节指针对技术性内容展开描述。

一、并联电容器检修分类

依据工作内容不同，并联电容器的检修工作分为四类，即 A 类检修、B 类检修、C 类检修和 D 类检修。

1. A 类检修

A 类检修指整体性检修，包含整体更换、解体检修，检修周期按照设备状态评价决策确定。

2. B 类检修

B 类检修指局部性检修，包含部件的解体检查、维修及更换，检修周期按照设备状态评价决策确定。

3. C 类检修

（1）C 类检修指例行检查及试验，包含检查、维护。

（2）检修周期的规定：

1）C 类检修的基准周期 35kV 及以下为 4 年，110（66）kV 及以上为 3 年。

2）可依据设备状态、地域环境、电网结构等特点，在基准周期的基础上酌情延长或缩短检修周期，调整后的检修周期一般不小于 1 年，也不大于基准周期的 2 倍。

3）对于未开展带电检测的设备，检修周期不大于基准周期的 1.4 倍；对于未开展带电检测的老旧设备（大于 20 年运龄），检修周期不大于基准周期。

4）110（66）kV 及以上新设备投运满达 1～2 年，以及停运 6 个月以上重新投运的设备，应进行检修。对核心部件或主体进行解体性检修后重新投运的设备，可参照新设备要求执行。

5）现场备用设备应视同运行设备进行检修；备用设备投运前应进行检修。

6）符合以下各项条件的设备，检修可以在周期调整到最大周期的基础上最多延迟1个年度进行：

a. 巡视中未见可能危及该设备安全运行的任何异常。

b. 带电检测（如有）显示设备状态良好。

c. 上次试验与其前次（或交接）试验结果相比无明显差异。

d. 上次检修以来，没有经受严重的不良工况。

4. D类检修

D类检修指在不停电状态下进行的检修，包含专业巡视、辅助二次元器件更换、金属部件防腐处理、框架箱体维护，D类检修的检修周期依据设备运行工况确定并及时安排，保证设备正常功能。

二、并联电容器检修专业检查

1. 电容器单元检查

（1）瓷套管表面清洁，无裂纹、无闪络放电和破损。

（2）电容器单元无渗漏油，无膨胀变形，无过热，外壳油漆完好，无锈蚀。

2. 外熔断器本体检查

（1）熔丝无熔断，排列整齐，与熔管无接触。

（2）搭接螺栓无松动、无明显发热。

（3）安装角度、弹簧拉紧位置应符合制造厂的产品说明。

3. 避雷器检查

（1）避雷器垂直且牢固，外绝缘无破损、裂纹及放电痕迹。

（2）外观清洁，无变形破损，接线正确，接触良好。

（3）计数器或在线检测装置观察孔清晰，指示正常。

（4）接地装置接地部分完好。

4. 电抗器检查

（1）支柱瓷瓶完好，无放电痕迹。

（2）无松动、无过热、无异常声响。

（3）接地装置接地部分完好。

（4）干式电抗器表面无裂纹、无变形，外部绝缘漆完好。

（5）干式空心电抗器支撑条无明显下坠或上移情况。

（6）油浸式电抗器温度指示正常，油位正常、无渗漏。

5. 放电线圈检查

（1）表面清洁，无闪络放电和破损。

（2）油位正常，无渗漏。

6. 集合式电容器检查

(1) 呼吸器玻璃罩杯油封完好，受潮硅胶不超过 2/3。

(2) 储油柜油位指示应正常，油位清晰可见。

(3) 油箱外观无锈蚀、无渗漏。

(4) 充气式设备应检查气体压力指示正常。

(5) 本体及各连接处应无过热。

(6) 电容器温控表计无异常。

7. 其他部件检查

(1) 各连接部件固定牢固，螺栓无松动。

(2) 支架、基座等铁质部件无锈蚀。

(3) 瓷瓶完好，无放电痕迹。

(4) 母线平整无弯曲，相序标示清晰可识别。

(5) 构架应可靠接地且有接地标识。

(6) 电容器之间的软连接导线无熔断或过热。

(7) 充油式互感器油位正常，无渗漏。

三、并联电容器检修关键工艺质量控制要求

对于并联电容器检修过程中涉及的技术工作或流程，需要严格规定其安全注意事项、技术要求和质量控制要求。

1. 电容器整组更换

(1) 安全注意事项：

1) 工作前应将电容器内各高压设备逐个多次充分放电。

2) 按厂家规定正确吊装设备，必要时使用揽风绳控制方向，并设专人指挥。

3) 对安全距离小的电容器检修时，应做好安全防护措施。

4) 拆、装电容器一、二次电缆时应做好防护措施。

(2) 关键工艺质量控制：

1) 必须参照厂家的拆装工艺要求，按照厂家规定程序进行拆装。

2) 确保瓷套外观清洁，无破损。

3) 吊装时应使用合适的吊带逐个拆装电容器内部元器件。

4) 空心电抗器周边墙体的金属结构件及地下接地体均不得呈金属闭合环路状态。

5) 紧固各电容器框架连接部件，使其螺栓无松动。

6) 对支架、基座等铁质部件进行除锈防腐处理。

7) 电容器框架应双接地且接地可靠。

8) 电容器铭牌、编号在通道侧。

9) 按要求处理电气接触面，并按厂家力矩要求紧固电容器连接线，使其接触良好，如有铜铝过渡应采用过渡板。

10) 支柱绝缘子铸铁法兰无裂纹，胶接处胶合良好，无开裂。

11）电容器母排及分支线应标以相色，焊接部位涂防锈漆及面漆。

12）电容器设备清洁完好，无任何遗留物。

13）接线板表面无氧化、划痕、脏污，接触良好。

14）电容器构架应保持其应有的水平及垂直位置，固定应可靠。

15）凡不与地绝缘的每个电容器外壳及电容器构架均应可靠接地，凡与地绝缘的电容器外壳均应接到固定电位上。

16）户外型电容器在使用铝母排与铜接线端子连接时应采用过渡措施。

17）集合式电容器接线端子与母线应使用软连接过渡。

2. 电容器检修

（1）电容器单元更换：

1）安全注意事项：

a. 工作前应将电容器各高压设备逐个多次充分放电。

b. 按厂家规定正确吊装设备，必要时使用揽风绳控制方向，并设专人指挥。

2）关键工艺质量控制：

a. 按照厂家规定程序进行拆除、吊装。

b. 瓷套管表面应清洁，无裂纹、破损和闪络放电痕迹。

c. 芯棒应无弯曲和滑扣，铜螺丝螺母垫圈应齐全。

d. 无变形、无锈蚀、无裂缝、无渗油。

e. 铭牌、编号在通道侧，顺序符合设计要求。

f. 各导电接触面符合要求，安装紧固有防松措施。

g. 外壳接地端子可靠接地。凡不与地绝缘的每个电器外壳及电容器构架均应接地，凡与地绝缘的电容器外壳均应接到固定电位上。

h. 引线与端子间连接应使用专用压线夹，电容器之间连接应采用软连接。

（2）外熔断器更换：

1）安全注意事项。工作前应将电容器各高压设备逐个多次充分放电。

2）关键工艺质量控制：

a. 规格应符合设备要求。

b. 熔丝无断裂、虚接，无明显锈蚀，熔丝与熔管无接触。

c. 更换后外熔断器的安装角度应符合产品安装说明书的要求。

d. 芯棒应无弯曲和滑扣，铜螺丝、螺母、垫圈应齐全。

（3）放电线圈更换：

1）安全注意事项：

a. 工作前应将电容器各高压设备逐个多次充分放电。

b. 拆、装电容器二次电缆时应防止电缆损伤或接错。

2）关键工艺质量控制：

a. 套管表面应清洁，无裂纹、破损。

b. 充油式放电线圈油位应正常，无渗漏。

c. 本体无破损、生锈。

d. 更换放电线圈时，应对二次接线做好标识，并正确恢复。

（4）避雷器更换：

1）安全注意事项。工作前应将电容器各高压设备逐个多次充分放电。

2）关键工艺质量控制：

a. 外绝缘表面应清洁，无裂纹、破损。

b. 避雷器接线端子螺栓应紧固。

c. 放电计数器应密封良好，并应按产品的说明书连接，不同相放电计数器应统一恢复到相同位置，尾数归零。

d. 接地装置应可靠接地。

（5）集合式电容器更换：

1）安全注意事项：

a. 工作前应将电容器各高压设备逐个多次充分放电。

b. 按厂家规定正确吊装设备，必要时使用揽风绳控制方向，并设专人指挥。

c. 拆、装电容器一、二次电缆时应防止电缆损伤或接错。

2）关键工艺质量控制：

a. 按照厂家规定程序进行拆除、吊装。

b. 集合式电容器外观无变形、无锈蚀、无渗油，瓷套管表面应清洁，无裂纹、破损。

c. 按要求处理各导电接触面，安装紧固，并有防松措施。

d. 外壳应可靠接地。

e. 呼吸器硅胶装至顶部 1/6～1/5 处，油杯油位符合要求。

f. 充油集合式电容器储油柜油位指示应正常，油位计内部无油垢，油位清晰可见，储油柜外观应良好，无渗漏油。

g. 充气集合式电容器气体压力应符合厂家规定，气体微水含量不大于 $250\mu\text{L/L}$。

3. 例行检查

（1）安全注意事项。工作前将电容器各高压设备逐个多次充分放电。

（2）关键工艺质量控制：

a. 高压设备套管无裂纹、破损，无闪络放电痕迹。

b. 电容器无渗漏油、膨胀变形。

c. 各部件油漆完好，无锈蚀。

d. 各电气连接部位接触良好、无过热。

e. 充油集合式电容器呼吸器玻璃罩杯油封应完好，硅胶不应自上而下变色，储油柜油位指示应正常，油位计内部无油垢，油位清晰可见。

f. 对已运行的非全密封放电线圈进行检查，发现受潮后应及时更换。

g. 充油式互感器油位正常，无渗漏。

h. 对所有绝缘部件进行清扫。

i. 各接地点接触良好。

j. 电容器组接线正确。

k. 放电电阻的阻值和容量符合要求。

l. 电容器组安装处通风应良好。

四、并联电容器检修后投运

1. 投运前基本条件

（1）必要的试验项目数据符合相关要求。

（2）检查本体所有的附件无缺陷，无渗漏现象；油漆完整，相标志正确。

（3）所有电气连接正确无误，所有控制、保护和信号系统运行可靠，指示位置正确。

（4）所有保护装置整定正确并能可靠动作。

2. 投运时检查

（1）外观检查完好。

（2）有可靠接地。

3. 注意事项

（1）并联电容器交流耐压试验，应符合下列规定：

1）并联电容器电极对外壳交流耐压试验电压值应符合表 5-1 的规定。

表 5-1 并联电容器电极对外壳交流耐压试验电压值

额定电压/kV	<1	1	3	6	10	15	20	35
出厂试验电压/kV	3	5	18	25	35	45	55	85
交接试验电压/kV	2.2	3.8	14	19	26	34	41	63

2）当产品出厂试验电压值不符合表 5-1 的规定时，交接试验电压应按产品出厂试验电压值的 75% 进行。

（2）工作任务清楚，不误进带电间隔、误登带电设备。

（3）在试验现场装设临时围栏，向外悬挂"止步、高压危险"的标示牌。

（4）人员分工明确，职责清晰。

（5）加强与运行人员的联系，试验电源由运行人员进行接、拆。

（6）试验前对被试品进行充分放电。

4. 验收与投运

（1）检修工作结束后的现场清理要求：

1）现场无油污。

2）现场无杂物、无遗留工器具。

（2）检修报告编写及要求。检修工作结束后，应编写检修报告，报告的内容应包括检修中的检查处理记录、处理的缺陷、标准检修外增加的项目、检修中的遗留问题、验收意见及检修后设备评级。

（3）检修后交接验收。电容器检修竣工后应及时清理现场，整理记录、资料、图纸，清退材料，进行核算，提交竣工、验收报告，并按照验收规定组织现场验收。

（4）检修后交接验收标准参照电网企业内部相关规范执行。

（5）向运行部门移交的资料：

1）试验报告。

2）检修报告。

（6）检修后设备试运行时的检查项目和试运行时间规定：

1）检查项目：设备带电后，观察有无异常现象、异常响声，进行红外线测温，检查有无鼓肚、渗油等。

2）设备投运经过特殊性巡视，无异常现象、连续带电运行 24h 后方可认为试运行结束，可移交生产。

五、小结

与其他类型无功补偿设备相比，并联电容器检修工作相对简单，且流程固定。在实际工作中，对于工业用户变电站，由于检修人员的疏忽，容易缺项、漏项，因此，需要相关人员熟悉本节内容，并依据相关规定进行标准化操作。

第三节 SVC 检 修

对于 SVC 这类定制性较强的无功补偿设备，难以形成统一的、适应所有厂家的通用性检修规范，本节内容针对 SVC（包括 TCR 型、MCR 型以及 FC），研究了多个厂家 SVC 产品的用户手册和某些用户的相关检修规定，提取出了相对通用的检修内容和办法。

一、SVC 检修工作分类

SVC 检修工作分类，可以参照并联电容器的分类原则，依据工作内容的不同分为四类，即 A 类检修、B 类检修、C 类检修和 D 类检修。其中 A 类检修和 B 类检修的规定与并联电容器一致，本节只介绍其 C 类检修和 D 类检修。

1. C 类检修

（1）C 类检修指例行检查及试验，包含检查、维护。

（2）检修周期的规定：

1）大部分厂家要求 C 类检修的基准周期为 1 年。

2）可依据设备状态、地域环境、电网结构等特点，在基准周期基础上酌情延长或缩短检修周期，调整后的检修周期一般不小于半年，也不大于基准周期的 2 倍。

3）检修周期不大于基准周期的 1.4 倍。

4）新设备投运满 1 年，以及停运 6 个月以上重新投运的设备，应进行检修。对核心部件或主体进行解体性检修后重新投运的设备，可参照新设备要求执行，同时应参照厂家的安装调试规程进行。

　　5）现场备用设备应视同运行设备进行检修，备用设备投运前应进行检修。

　　6）符合以下各项条件的设备，检修可以在周期调整到最大周期的基础上最多延迟3个月：

　　a. 巡视中未见可能危及该设备安全运行的任何异常。

　　b. 带电检测（如有）显示设备状态良好。

　　c. 上次试验与其前次（或交接）试验结果相比无明显差异。

　　d. 上次检修以来，没有经受严重的不良工况。

　　2. D 类检修

　　D 类检修指在不停电状态下进行的检修，包含专业巡视、金属部件防腐处理、框架箱体维护，D 类检修的检修周期依据设备运行工况确定并应及时安排，保证设备正常功能。

　　SVC 元件更换必须在停电状态下进行，处于高电位的设备及部件检修也必须在停电状态下进行。

二、SVC 检修中的专业检查

1. 电容器单元检查

（1）瓷套管表面应清洁，无裂纹，无闪络放电和破损。

（2）电容器单元无渗漏油，无膨胀变形，无过热，外壳油漆完好，无锈蚀。

2. 外熔断器本体检查

（1）熔丝无熔断，排列整齐，与熔管无接触。

（2）搭接螺栓无松动、无明显发热。

（3）安装角度、弹簧拉紧位置应符合制造厂的产品说明。

3. 避雷器检查

（1）避雷器垂直且牢固，外绝缘无破损、裂纹及放电痕迹。

（2）外观清洁，无变形破损，接线正确，接触良好。

（3）计数器或在线检测装置观察孔清晰，指示正常。

（4）接地装置接地部分完好。

4. 电抗器检查

（1）支柱瓷瓶完好，无放电痕迹。

（2）无松动、无过热、无异常声响。

（3）接地装置接地部分完好。

（4）干式电抗器表面无裂纹、无变形，外部绝缘漆完好。

（5）干式空心电抗器支撑条无明显下坠或上移情况。

（6）油浸式电抗器温度指示正常，油位正常、无渗漏。

5. 放电线圈检查

（1）表面清洁，无闪络放电和破损。

（2）油位正常，无渗漏。

6. 其他部件检查

（1）各连接部件固定牢固，螺栓无松动。

（2）支架、基座等铁质部件无锈蚀。

（3）瓷瓶完好，无放电痕迹。

（4）母线平整无弯曲，相序标示清晰可识别。

（5）构架应可靠接地且有接地标识。

（6）电容器之间的软连接导线无熔断或过热。

（7）充油式互感器油位正常，无渗漏。

7. 保护及控制器检查

（1）信号指示正常，各状态指示与断路器实际位置相符。

（2）人机界面屏仪表指示正常，就地工作站屏幕显示正常，显示数据与仪表相符。

（3）接线紧固无松动。

（4）保护功能正常有效。

（5）通信链路正常，控制器与其他部分通信正常。

（6）温度、湿度等传感器工作正常。

（7）监测软件工作正常，历史记录完备。

（8）柜体及母排等无积灰、油渍及锈蚀。

（9）SVC 控制室空调工作正常，温度调节为 20～30℃。

8. （TCR 型 SVC）晶闸管阀组检查

（1）晶闸管本体及附件清扫干净，无积灰、油渍。

（2）观察晶闸管阀组元件的外观，绝缘无破损。

（3）晶闸管至本体连线压接螺栓无松动。

（4）晶闸管阀体水冷系统管路（如有）密封良好，密封橡胶圈完整。

（5）晶闸管阀体及附件无锈蚀。

（6）将万用表打到欧姆挡上，测量晶闸管两端（正反向）电阻值应不小于 35kΩ。

（7）晶闸管阀组低压导通试验验证触发功能正常。

9. （MCR 型 SVC）磁控电抗器检查

（1）油枕指示的油位油色正常，无渗漏现象。

（2）MCR 本体无渗漏，呼吸器正常，变色硅胶颜色改变不得超过 1/3。

（3）瓦斯继电器内无气体，继电器与油枕连接阀应打开。

（4）压力释放阀应完好无损。

（5）与 MCR 本体连接的励磁单元等设备应牢固、完好。

（6）设备连接点无发热、火花放电或电晕放电等现象。

三、SVC 检修关键工艺质量控制要求

对于 SVC 检修过程中涉及的技术工作或流程，需要严格规定其安全注意事项、技术要求和质量控制要求。

1. 电容器整组更换

（1）安全注意事项：

1）工作前应将电容器内各高压设备逐个多次充分放电。

2）按厂家规定正确吊装设备，必要时使用揽风绳控制方向，并设专人指挥。

3）对安全距离小的电容器检修时，应做好安全防护措施。

4）拆、装电容器一、二次电缆时应做好防护措施。

（2）关键工艺质量控制：

1）必须参照厂家的拆装工艺要求，按照厂家规定程序进行拆装。

2）确保瓷套外观清洁，无破损。

3）吊装时应使用合适的吊带逐个拆装电容器内部元器件。

4）空心电抗器周边墙体的金属结构件及地下接地体均不得呈金属闭合环路状态。

5）紧固各电容器框架连接部件，使其螺栓无松动。

6）对支架、基座等铁质部件进行除锈防腐处理。

7）电容器框架应双接地且接地可靠。

8）电容器铭牌、编号在通道侧。

9）按要求处理电气接触面，并按厂家力矩要求紧固电容器连接线，使其接触良好，如有铜铝过渡应采用过渡板。

10）支柱绝缘子铸铁法兰无裂纹，胶接处胶合良好，无开裂。

11）电容器母排及分支线应标以相色，焊接部位涂防锈漆及面漆。

12）电容器设备清洁完好，无任何遗留物。

13）接线板表面无氧化、划痕、脏污，接触良好。

14）电容器构架应保持其应有的水平及垂直位置，固定应可靠。

15）凡不与地绝缘的每个电容器外壳及电容器构架均应可靠接地，凡与地绝缘的电容器外壳均应接到固定电位上。

16）户外型电容器在使用铝母排与铜接线端子连接时应采用过渡措施。

17）集合式电容器接线端子与母线应使用软连接过渡。

2. 电容器检修

（1）电容器单元更换：

1）安全注意事项：

a. 工作前应将电容器各高压设备逐个多次充分放电。

b. 按厂家规定正确吊装设备，必要时使用揽风绳控制方向，并设专人指挥。

2）关键工艺质量控制：

a. 按照厂家规定程序进行拆除、吊装。

b. 瓷套管表面应清洁，无裂纹、破损和闪络放电痕迹。

c. 芯棒应无弯曲和滑扣，铜螺丝、螺母、垫圈应齐全。

d. 无变形、无锈蚀、无裂缝、无渗油。

e. 铭牌、编号在通道侧，顺序符合设计要求。

f. 各导电接触面符合要求，安装紧固有防松措施。

g. 外壳接地端子可靠接地。凡不与地绝缘的每个电器外壳及电容器构架均应接地，凡与地绝缘的电容器外壳均应接到固定电位上。

h. 引线与端子间连接应使用专用压线夹，电容器之间的连接应采用软连接。

（2）外熔断器更换：

1）安全注意事项。工作前应将电容器各高压设备逐个多次充分放电。

2）关键工艺质量控制：

a. 规格应符合设备要求。

b. 熔丝无断裂、虚接，无明显锈蚀，熔丝与熔管无接触。

c. 更换后外熔断器的安装角度应符合产品安装说明书的要求。

d. 芯棒应无弯曲和滑扣，铜螺丝、螺母、垫圈应齐全。

（3）放电线圈更换：

1）安全注意事项：

a. 工作前应将电容器各高压设备逐个多次充分放电。

b. 拆、装电容器二次电缆时应防止电缆损伤或接错。

2）关键工艺质量控制：

a. 套管表面应清洁，无裂纹、破损。

b. 充油式放电线圈油位应正常，无渗漏。

c. 本体无破损、生锈。

d. 更换放电线圈时，应对二次接线做好标识，并正确恢复。

（4）避雷器更换：

1）安全注意事项。工作前应将电容器各高压设备逐个多次充分放电。

2）关键工艺质量控制：

a. 外绝缘表面应清洁，无裂纹、破损。

b. 避雷器接线端子螺栓应紧固。

c. 放电计数器应密封良好，并应按产品说明书连接，不同相放电计数器应统一恢复到相同位置，尾数归零。

d. 接地装置应可靠接地。

3.（TCR 型 SVC）晶闸管阀组检修

（1）安全注意事项：

1）工作前应将阀组内吸收电容器逐个多次充分放电。

2）按厂家规定正确吊装设备，必要时使用揽风绳控制方向，并设专人指挥。

3）拆、装阀组一、二次电缆时应防止电缆损伤或接错。

4）按照厂家相关工艺规程拆装晶闸管阀组的组件，使用压力设备时，保证安装不偏心。

（2）关键工艺质量控制：

1）晶闸管更换原因：

a. 晶闸管阀组在出现小故障或告警时，允许继续运行一段时间。如个别元件损坏

（每串不超过 2 个）或击穿二极管（break over diode，BOD）动作有限次数（每小时不超过 40 次）等。这些故障可以等到 TCR 正常停运或年度检修时统一进行维护。如出现大的故障，引起 TCR 闭锁或跳闸时，则需要立刻进行检修。

b. 当晶闸管损坏（监控屏指示变红）或 BOD 动作时，可以根据运行状态判别故障元件，一般首先更换晶闸管触发板，如无效可进一步更换晶闸管或阻尼电容等。

2）晶闸管触发板更换步骤：

a. 根据后台显示器阀组件图上异常的晶闸管确定需要更换的晶闸管触发板位置。

b. 在 TCR 分闸并加挂接地刀的状态下，进行对应晶闸管触发板的更换。

c. 首先拧下晶闸管触发板上的触发与回报光纤插头。注意光纤插头应保持洁净，不可弄脏。

d. 在水平方向向外轻轻拔出晶闸管触发板。

e. 将新晶闸管触发板按水平方向向内轻轻插入，注意晶闸管触发板的正反面统一，元件面在左侧。需要注意的是，插入晶闸管触发板过程中，最好用手扶着晶闸管触发板插座后部的底座。

f. 重新拧上晶闸管触发板上的触发与回报光纤插头。注意触发光纤在上，回报光纤在下。

g. 检查更换后的晶闸管触发板与其他晶闸管触发板空间位置应对齐，晶闸管触发板后端子上的插线应无顶出、脱落现象。

3）更换晶闸管步骤：

a. 根据后台显示器阀组件图上异常的晶闸管（变红）确定要更换晶闸管的位置。

b. 在 TCR 装置分闸并加挂接地刀的状态下，进行对应晶闸管触发板的更换。

c. 打开所要更换晶闸管阀的一次连接排。

d. 将热管的压装螺栓松开。

e. 拔出需更换晶闸管上的门极触发线和阴极线，更换晶闸管。

f. 更换完成后，将门极触发线和阴极线插上新的晶闸管门极和阴极。

g. 使用力矩扳手将热管压紧螺栓拧紧，注意拧紧螺栓时要对上下两条螺栓均匀用力。

h. 连接一次连接母排，晶闸管更换结束。

4. 保护与控制部分检修

（1）安全注意事项：

1）工作前确保所有一次设备处于停运状态，一次刀闸处于分闸状态。

2）确保控制柜柜体可靠接地。

3）拆装二次接线确保电缆无损伤和接错。

（2）关键工艺质量控制：

1）人机界面、显示灯和面板灯信息显示正确。

2）启动正常，未报告异常。

3）模拟量采集和开关量采集显示正确。

4）同步时钟信号正常有效。

5）通信链路通畅，通信正确。

6）电源模块输出电压正常，纹波系数正常。

7）温度、湿度等传感器工作正常。

8）历史记录显示完备，用户管理等功能正常。

5．（MCR 型 SVC）MCR 磁控电抗器的检修

（1）安全注意事项：

1）按厂家规定正确吊装设备，必要时使用揽风绳控制方向，并设专人指挥。

2）拆、装一、二次电缆时应防止电缆损伤或接错。

3）按照厂家相关工艺规程拆装磁控电抗器的一、二次组件。

（2）关键工艺控制：

1）拆卸运输的电抗器必须先装好储油柜、散热器等，在装配时应保持清洁。

2）注油时所有放气塞必须打开（排出空气），冒出变压器油时再密封好。

3）注入变压器油后，将储油柜、散热器、气体继电器、净油器、套管等的放气塞密封好，并检查所有密封面，静停放置 24h 后，检查是否有渗漏油现象并再次放出气体继电器的气体。在补充变压器油时，须注意变压器油型号、产地或油基，不同型号的变压器油，一般不得混合使用，若混合使用，必须经混合油试验合格后方可使用。

4）有气体继电器时，在磁控电抗器安装位置应使气体继电器侧高 1%～1.5%，以确保气体继电器的动作灵敏度。

5）电抗器的倾斜度不得大于 15°，不得碰撞。起吊绳与垂直之间夹角不得大于 30°。

6）如发现过多的灰尘聚集，则必须清除，特别要注意磁控电抗器的绝缘瓷套、出线端子、散热器等的清洁。

7）检查紧固件、连接件是否松动，导电零部件以及其他零部件有无生锈、腐蚀、过热点等痕迹，应观察各个密封处是否有渗漏油等现象，必要时应采取相应的措施处理。

8）检查吸湿器的硅胶吸湿剂变色时，若硅胶由浅蓝色变为粉红色时（或是白色变为黄色时），应更换硅胶吸湿剂或烘干硅胶吸湿剂。净油器内硅胶应每 2 年更换或处理一次。

9）检查各温度指示、油面显示和保护（压力、气体）装置等，应保证其动作可靠性，并按电力行业颁布的变压器（电抗器）运行规程操作实施。

10）除上述内容之外，应按相关国家标准和电力行业变压器（电抗器）运行规程实施维护与保养。

四、SVC 检修后投运

1．投运基本条件

（1）检修后必要的试验项目数据符合相关要求。

(2) 检查本体所有的附件无缺陷、无渗漏现象；油漆完整，相标志正确。

(3) 所有电气联接正确无误，所有控制、保护和信号系统运行可靠，指示位置正确。

(4) 所有保护装置整定正确并能可靠动作。

2. 投运时检查

(1) 外观检查完好。

(2) 有可靠的接地。

3. 注意事项

(1) 一次设备的交流耐压试验应符合相关绝缘试验标准及厂家设备相关规定。当产品出厂试验电压值低于绝缘试验标准时，交接试验电压应按产品出厂试验电压值的75%进行。

(2) 工作任务清楚，不误进带电间隔、误登带电设备。

(3) 在试验现场装设临时围栏，向外悬挂"止步、高压危险"的标识牌。

(4) 人员分工明确，职责清晰。

(5) 加强与运行人员的联系，试验电源由运行人员进行接、拆。

(6) 试验前对被试品进行充分放电。

4. 验收与投运

(1) 检修工作结束后现场清理：

1) 现场无油污。

2) 现场无杂物、无遗留工器具。

(2) 检修报告的编写及要求。检修工作结束后，应编写检修报告，报告的内容应包括检修检查处理记录、处理的缺陷、标准检修外增加的项目、检修中遗留问题、验收意见及检修后设备评级。

(3) 检修后的交接验收

TCR 型 SVC 检修竣工后应及时清理现场，整理记录、资料、图纸，清退材料，进行核算，提交竣工、验收报告，并按照验收规定组织现场验收。

(4) 检修后的交接验收试验标准。参照相关标准和设备厂家规定。

(5) 向运行部门移交的资料：①试验报告；②检修报告。

(6) 检修后设备试运行时的检查项目和试运行时间：

1) 检查项目：设备带电后，观察有无异常现象、异常响声，进行红外线测温，检查有无鼓肚、渗油等。

2) 设备投运经过特殊性巡视，无异常现象，连续带电运行 24h 后方可认为试运行结束，可移交生产。

五、小结

由于包含 FC 支路，SVC 检修工作包含并联电容器检修工作内容，本节内容也进行了罗列。在实际检修工作中，依据各设备厂家的设备特点和运行要求，检修工作内容需要进行适应性调整，设备厂家的工程图纸和设备手册等应作为检修工作的重要依据。

第四节　H 桥级联型 SVG 检修

同样是 H 桥级联型 SVG，不同厂家的产品差异性比 SVC 还要大。因此同 SVC 一样，本节内容针对 H 桥级联型 SVG，研究了多个厂家 SVG 产品的用户手册、链式同步补偿器的相关标准和某些用户的相关运维规定，提取出了相对通用的检修内容和办法。

一、SVG 检修工作的分类

SVG 检修工作的分类，可以参照并联电容器的分类原则，依据工作内容分为四类，即 A 类检修、B 类检修、C 类检修和 D 类检修。SVG 检修工作的分类原则同 SVC 一致。

链式同步补偿器标准中将检修工作分为定期检修和临时检修：其中定期检修就是装置运行一段时间以后，应对其部件进行的检查与修理，一般 1～3 年一次，可以结合预防性试验进行；临时检修就是发现有影响装置安全运行的异常现象后，针对有关项目进行的检查与修理。

二、SVG 检修中的专业检查

1. 电压、电流互感器检查

（1）互感器各连接部位应该接触良好，无发热、变色现象。

（2）互感器瓷质部分，应无破损和放电痕迹。

（3）电压互感器二次保险器，每年春、秋检查时，应定期检查一次并记录。

（4）电压互感器二次不准短路，电流互感器二次不准开路。

（5）二次端子盒及电缆穿管处，应密封良好。

2. 避雷器检查

（1）避雷器的接地应良好。

（2）避雷器放电计数器应完好，雷电后，应该检查放电计数器动作情况。并计入专用记录簿中，如发现避雷器动作次数异常增加，应及时通知生产部防雷负责人。

（3）避雷器不倾斜，瓷件表面应保持清洁，无破损，底座绝缘应完好无裂纹。

（4）防误闭锁装置应操作灵活，每年应进行两次检查、涂油。

3. 接入电抗器检查

（1）支柱瓷瓶完好，无放电痕迹。

（2）无松动、无过热、无异常声响。

（3）接地装置接地部分完好。

（4）干式电抗器表面无裂纹、无变形，外部绝缘漆完好。

（5）干式空心电抗器支撑条无明显下坠或上移情况。

（6）油浸式电抗器温度指示正常，油位正常、无渗漏。

4．其他部件检查

（1）各连接部件固定牢固，螺栓无松动。

（2）支架、基座等铁质部件无锈蚀。

（3）瓷瓶完好，无放电痕迹。

（4）母线平整无弯曲，相序标识清晰可识别。

（5）构架应可靠接地且有接地标识。

（6）电容器之间的软连接导线无熔断或过热。

（7）充油式互感器油位正常，无渗漏。

5．保护及控制器检查

（1）信号指示正常，各状态指示与断路器实际位置相符。

（2）人机界面屏仪表指示正常，就地工作站屏幕显示正常，显示数据与仪表相符。

（3）接线紧固无松动。

（4）保护功能正常有效。

（5）通信链路正常，控制器与其他部分通信正常。

（6）温度、湿度等传感器工作正常。

（7）监测软件工作正常，历史记录完备。

（8）柜体及母排等无积灰、油渍及锈蚀。

（9）SVC 控制室空调工作正常，温度调节为 20～30℃。

6．功率模块检查

（1）所有螺栓连接紧固，无松动。

（2）电路板连接端子中的接插件和插针应无明显氧化现象。

（3）功率模块之间的电阻小于 $2m\Omega$。

（4）冷却风扇运转正常，无停转或异响。

（5）链节铜排及水冷散热器上贴的蜡片完好，无脱落或熔化。

（6）外壳或铜排无积尘、油渍或锈蚀。

（7）风道无异物，无堵塞。

三、H 桥级联型 SVG 检修关键工艺质量控制要求

对于 H 桥级联型 SVG 检修过程中涉及的技术工作或流程，需要严格规定其安全注意事项、技术要求和质量控制要求。

1．电抗器及变压器检修

（1）安全注意事项：

1）按厂家规定正确吊装设备，必要时使用揽风绳控制方向，并设专人指挥。

2）对安全距离小的电抗器检修时，应做好安全防护措施。

3）拆、装电抗器一、二次电缆时应做好防护措施。

（2）关键工艺质量控制：

1）必须参照厂家的拆装工艺要求，按照厂家规定程序进行拆装。

2) 清洁瓷套外观清洁，无破损。

3) 吊装时应使用合适的吊带。

4) 空心电抗器周边墙体的金属结构件及地下接地体均不得呈金属闭合环路状态。

5) 紧固各电抗器框架连接部件，使其螺栓无松动。

6) 对支架、基座等铁质部件进行除锈防腐处理。

7) 电抗器框架应双接地且接地可靠。

8) 电容器铭牌、编号在通道侧。

9) 对于变压器或油浸式电抗器必须先装好储油柜、散热器等，在装配时应保持清洁。

10) 对于变压器或油浸式电抗器注油时所有放气塞必须打开（排出空气），冒出变压器油时再密封好。

11) 对于变压器或油浸式电抗器注入变压器油后，将储油柜、散热器、气体继电器、净油器、套管等的放气塞密封好，并检查所有密封面，静停放置 24h 后，检查是否有渗漏油现象并再次放出气体继电器的气体。在补充变压器油时，须注意变压器油型号、产地或油基，不同型号的变压器油，一般不得混合使用，若混合使用，必须经混合油试验合格后方可使用。

12) 变压器或油浸式电抗器有气体继电器时，在磁控电抗器安装位置应使气体继电器侧高 1‰～1.5‰，以确保气体继电器的动作灵敏度。

13) 变压器或油浸式电抗器的倾斜度不得大于 15°，不得碰撞。起吊绳与垂直方向之间的夹角不得大于 30°。

14) 变压器或油浸式电抗器吸湿器的硅胶吸湿剂变色时，若硅胶由浅蓝色变为粉红色（或是白色变为黄色），应更换硅胶吸湿剂或烘干硅胶吸湿剂。净油器内硅胶应每 2 年更换或处理一次。

15) 检查各温度指示、油面显示和保护（压力、气体）装置等，应保证其动作可靠性，并按电力行业颁布的变压器（电抗器）运行规程操作实施。

16) 除上述内容之外，应按相关国家标准和电力行业的变压器（电抗器）运行规程实施维护与保养。

2. 避雷器检修

(1) 安全注意事项。工作前设备应退出运行并可靠接地。

(2) 关键工艺质量控制：

1) 外绝缘表面应清洁，无裂纹、破损。

2) 避雷器接线端子螺栓应紧固。

3) 放电计数器应密封良好，并应按产品的说明书连接，不同相放电计数器应统一恢复到相同位置，尾数归零。

4) 接地装置应可靠接地。

3. 功率模块检修

(1) 安全注意事项：

1) 工作前应将功率模块内电容器多次充分放电。

2）按厂家规定正确吊装设备，必要时使用揽风绳控制方向，并设专人指挥。

3）拆、装功率模块一、二次电缆时应防止电缆损伤或接错。

4）按照厂家相关工艺规程拆装功率模块的组件，使用压力设备时，保证安装不偏心。

（2）关键工艺质量控制：

1）所有螺栓连接紧固、无松动。

2）电路板连接端子中的接插件和插针应无明显氧化现象。

3）功率模块之间的电阻小于 $2m\Omega$。

4）冷却风扇运转正常，无停转或异响。

5）链节铜排及水冷散热器上贴的蜡片完好，无脱落或熔化。

6）外壳或铜排无积尘、油渍或锈蚀。

7）风道无异物、无堵塞。

8）功率模块直流电容器组电容值偏离额定值的程度小于 5％。

9）光纤的光功率衰减，同一根光缆中六根纤芯的光功率衰减值应基本一致，若出现某根纤芯衰减值与其他纤芯衰减值相差 20％以上，可判断为纤芯损坏。

10）功率模块与控制部分之间的通信必须通畅且正确。

11）禁止拉扯光纤或较大曲率弯曲、折叠光纤，在光纤的清洁过程中应使用酒精擦拭，禁止经常插拔光纤头。

（3）更换功率模块：

1）根据后台显示器显示的异常功率模块（变红），确定要更换功率模块的位置。

2）在装置退出运行、分闸处于分闸状态并加挂接地刀的状态下，进行对应功率模块的更换。

3）打开所要更换功率模块的一次连接排和光纤接线。

4）将功率模块从框架上拉出。

5）更换上功能完好的功率模块。

6）更换完成后，连接光纤和一次连接排，更换结束。

4.保护与控制部分检修

（1）安全注意事项：

1）工作前确保所有一次设备处于停运状态，一次刀闸处于分闸状态。

2）确保控制柜柜体可靠接地。

3）拆装二次接线确保电缆无损伤和接错。

（2）关键工艺质量控制：

1）人机界面、显示灯和面板灯信息显示正确。

2）启动正常，未报告异常。

3）模拟量采集和开关量采集、显示正确。

4）同步时钟信号正常有效。

5）通信链路通畅，通信正确。

6）电源模块输出电压正常，纹波系数正常。

7）温度、湿度等传感器工作正常。

8）历史记录显示完备，用户管理等功能正常。

四、检修后投运

1. 投运前基本条件：

（1）检修后必要的试验项目数据符合相关要求。

（2）检查本体所有的附件无缺陷、无渗漏现象；油漆完整，相标识正确。

（3）所有电气联接正确无误，所有控制、保护和信号系统运行可靠，指示位置正确。

（4）所有保护装置整定正确并能可靠动作。

2. 投运时检查：

（1）外观检查完好。

（2）有可靠的接地。

3. 注意事项：

（1）一次设备的交流耐压试验，应符合相关绝缘试验标准及厂家设备相关规定。

（2）当产品出厂试验电压值低于绝缘试验标准时，交接试验电压应设定为产品出厂试验电压值的 75%。

（3）工作任务清楚，不误进带电间隔、误登带电设备。

（4）在试验现场装设临时围栏，向外悬挂"止步、高压危险"的标识牌。

（5）人员分工明确，职责清晰。

（6）加强与运行人员的联系，试验电源由运行人员进行接、拆。

（7）试验前对被试品进行充分放电。

4. 验收与投运

（1）检修工作结束后的现场清理：

1）现场无油污。

2）现场无杂物、无遗留工器具。

（2）检修报告的编写及要求。检修工作结束后，应编写检修报告，报告的内容应包括检修中的检查处理记录、处理缺陷、标准检修外增加的项目、检修中遗留问题、验收意见及检修后设备评级。

（3）检修后的交接验收。H 桥级联型 SVG 检修竣工后应及时清理现场，整理记录、资料、图纸，清退材料，进行核算，提交竣工、验收报告，并按照验收规定组织现场验收。

（4）检修后的交接验收试验标准。参照相关标准和设备厂家规定。

（5）向运行部门移交的资料：①试验报告；②检修报告。

（6）检修后设备试运行时的检查项目和试运行时间：

1）检查项目：设备带电后，观察有无异常现象、异常响声，进行红外线测温，检查有无鼓肚、渗油等。

2）设备投运经过特殊性巡视，无异常现象，连续带电运行 24h 后方可认为试运行结束，可移交生产。

五、小结

H 桥级联型 SVG 的检修工作专业性很强，实际检修工作往往是针对装置整体或组件，而器件级的检修或功率模块、控制部分内部的检修往往需要设备厂家的技术人员处理。依据各设备厂家的设备特点和运行要求，SVG 检修工作内容需要进行适应性调整，设备厂家的工程图纸和设备手册等应作为检修工作的重要依据。

第五节　TCSC 型可控串联补偿设备检修

TCSC 型可控串联补偿设备属于输电设备，其检修工作与其他并联型无功补偿设备差异较大，需要充分考虑输电线路检修特点和原则。

一、TCSC 型可控串联补偿设备检修基本要求

（1）检修基准周期为三年，检修项目宜结合例行试验一起完成，运行条件恶劣的串联补偿设备宜适当缩短检修周期。

（2）检修时间安排宜结合串联补偿设备所在输电线路的检修，并提前准备好备品、备件。

（3）检修人员应熟悉电力生产的基本过程和安全施工规程，并通过年度电力生产安全资格考试。

（4）检修人员应熟悉串联补偿设备的结构、性能及其各组成设备，了解各组成设备的工作原理，熟悉装配图纸。

（5）维护检修时，应避开雨、雪等恶劣天气环境。

（6）串联补偿设备平台的接地开关合闸后约 30min，待电容器等设备充分放电，方可进入围栏。宜使用专用金属爬梯或接地线将串补平台接地，再对串联补偿设备进行检修。

（7）检修人员登上串补平台后应及时关闭护栏门。

（8）检修电容器前，必须再次对电容器逐台放电。

（9）每次检修应做好检修记录并存档。如发现设备缺陷、故障、隐患，应做详细记录。

（10）应有完整的检修记录，当次检修数据应与以前的检修数据对比，以便对设备当前的状态及其发展趋势做出正确的判断。

二、TCSC 型可控串联补偿设备一次设备检查

1. 检修用仪器设备与注意事项

（1）串联补偿设备一次设备检修至少需要使用的仪器设备包括指针式电压、电流表，数字式电压、电流表，钳形电流表，1000V 和 2500V 兆欧表，抗干扰介损测试仪，

超声波探伤设备，直流电阻测试仪，电容电感测试仪，直流高压试验装置，高压变频试验装置，互感器测试仪。

（2）测量用检修仪器应检验合格，并经过定期校验，精度和量程满足使用要求，不应超量程使用。

（3）检修时应断开开关类设备操作电源。

2．一次设备检查

（1）检查串联补偿设备平台上是否有异物（如树枝、杂草等）、污垢、生锈、电弧烧蚀等，对串联补偿设备平台进行清洁处理，必要时应对生锈的地方进行除锈处理并重新喷漆。

（2）检查串联补偿设备平台上各设备的孔洞、缝隙内是否有鸟窝等，如有应及时清除。

（3）按力矩要求抽样检查串联补偿设备平台上各设备的部分安装螺栓，如有两个以上出现松动应按力矩要求紧固串联补偿设备平台上所有螺栓。

3．电容器检查

（1）检查电容器单元表面是否有积尘、污垢，检修时宜对电容器单元、电容器支架以及支柱绝缘子等进行清洁处理。

（2）检查电容器单元之间的连接线，如有松动应按厂家规定的力矩要求将其紧固。

（3）检查电容器单元及其支架是否有脱漆、生锈的现象，如有应及时修补。

（4）检查电容器单元是否有渗油、漏油、鼓肚的现象，如有应及时处理。

（5）检测电容器极对壳绝缘电阻，采用 2500V 兆欧表进行测量，绝缘电阻不应小于 2500MΩ。

（6）检测电容器单元电容值，应采用不拆开电容器单元接线的电容测量仪，电容值偏差应不超过出厂值的 ±5%。

4．MOV 检查

（1）宜对 MOV 单元瓷套及其连接件进行清洁处理。

（2）检查 MOV 单元瓷套，如有损坏应及时处理。

（3）检查 MOV 单元之间的连接线，如有松动应按厂家规定的力矩要求将其紧固。

（4）检查 MOV 单元的喷弧口，如有异常应及时处理，并记录该 MOV 单元的铭牌及其具体位置等相关信息。

（5）检测 MOV 单元的绝缘电阻、直流 $1mA \times n$（n 为单元内电阻片柱数）参考电压 U_{nmA} 和 0.75 倍直流参考电压下的泄漏电流。其中 U_{1mA} 实测值与制造商出厂试验值比较，变化不应大于 ±5%，$0.75U_{1mA}$ 下的泄漏电流应不大于制造商的规定值。

（6）检测 MOV 本体绝缘电阻，采用 2500V 兆欧表进行测量，绝缘电阻不应小于 2000MΩ。

5．触发型间隙检查

（1）检查间隙小室是否有脱漆、生锈、漏雨等现象，如有应及时修补。

（2）检查间隙支柱绝缘子、穿墙套管、各电极、分压器等部件是否有破损、渗漏油等现象，如有应及时处理。

（3）石墨电极、铜电极表面如有灼烧痕迹，应及时擦拭干净（如有突出物可用锉刀或砂纸等小心打磨光滑）。石墨电极属易碎品，检修时应注意避免损伤。

（4）检查间隙距离，应与初始设定值一致，变化超过 5％则应重新调整间隙距离。

（5）检查间隙触发控制系统功能，检查电压同步回路。

（6）检测限流电阻阻值，测量阻值与铭牌值偏差应保持在±5％范围内。

（7）检测绝缘支柱和绝缘套管绝缘电阻，采用 2500V 兆欧表进行测量，绝缘电阻不应小于 500MΩ。

（8）检测间隙用的电容器其实测电容与出厂值之间偏差不应超过±5％，其介质损耗应符合产品技术要求。

6. 阻尼装置检查

（1）宜对阻尼电阻、阻尼电抗器及其连接线进行清洁处理。

（2）检查阻尼电阻瓷套，如有损坏应及时处理。

（3）检查阻尼电抗器表面绝缘漆，如有损伤或脱落应及时补刷。

（4）检测阻尼电抗器的直流电阻值，测量值应与出厂值相差在±5％范围内。

（5）MOV 型阻尼支路需检测 MOV 在直流 1mA 下的直流参考电压 U_{1mA} 和 0.75 倍 U_{1mA} 下的泄漏电流。

7. 晶闸管阀及阀室检查

（1）检查晶闸管阀室通风窗口是否正常，如有异常应及时处理。

（2）检查晶闸管阀室是否有脱漆、生锈、漏雨等现象，如有应及时处理。

（3）宜对阀室表面、穿墙套管上的污垢进行清洁处理。

（4）检查晶闸管阀的光纤接线、电气连接线是否松动，如有应及时处理。

（5）检查晶闸管阀的水冷管路及其部件等是否有破裂、渗水、漏水现象，如有应及时处理。

（6）检测晶闸管阀均压电路的电阻值与电容值，测量值与出厂值偏差应不超过出厂值的±5％。

（7）进行低压触发试验检查晶闸管阀及其电子电路是否工作正常。

8. 电流互感器检查

（1）宜对电流互感器进行清洁处理。

（2）检查电流互感器外观，如有破损、缺陷应及时处理。

（3）检查电流互感器二次侧与电缆的连接是否松动，如有应及时处理。

（4）检测电流互感器绕组绝缘电阻，绕组间及其对地绝缘电阻不应小于 1000MΩ。

（5）检测电流互感器绕组的直流电阻。

（6）检查油浸式互感器的油位是否正常，检查其密封性能，外表应无可见油渍。

（7）电压等级 35kV 及以上油浸式互感器的介质损耗角正切值 tanδ 应符合如下规定：tanδ 的测量电压应为 10kV，当额定电压为 20～35kV 时 tanδ 限值应为 2.5％，当额定电压为 66～110kV 时 tanδ 限值应为 0.8％。

（8）在绝缘介质性能试验中，对绝缘性能存疑的互感器，应检测其绝缘介质性能。

9. 电阻分压器检查

（1）宜对电阻分压器表面进行清洁处理，并检查其伞裙是否完好，如有损坏应及时处理。

（2）检测电阻分压器高压臂对串联补偿设备平台的绝缘电阻，采用 1000V 兆欧表进行测量，其绝缘电阻不应小于 500MΩ。

（3）检测分压电阻器一次侧、二次侧电阻阻值，测量值应与出厂值相差在 ±0.5% 内。

10. 串联补偿设备平台测量箱检查

（1）宜对测量箱表面污垢进行清洁处理，并检查测量箱表面有无脱漆、生锈等现象，如有应及时处理。

（2）检查测量箱箱门处的密封橡胶条是否有老化、脱落现象，如有应及时更换。

（3）检查测量箱是否漏雨，如有应及时处理。

（4）检查测量箱内各电缆接线、光纤接线是否可靠，如有应及时处理。

（5）检查测量箱底部电缆接口处是否密封良好，有无生锈现象，如有应及时处理。

（6）检查测量箱底部与平台之间接地线是否松动，接地点是否生锈，如有应及时处理。

（7）必要时应对生锈的地方进行除锈处理并重新喷漆。

11. 串联补偿设备平台支撑绝缘子检查

（1）宜对绝缘子伞裙和金属底座进行清洁处理。

（2）宜用超声波探伤设备对绝缘子上下伞裙与金属底座连接的地方进行探伤，检查绝缘子是否有裂纹，中间部位的伞裙可用目视检查有无裂纹，如有裂纹应及时处理。

12. 串联补偿设备平台斜拉绝缘子检查

（1）宜对绝缘子伞裙以及连接部件（如阻尼弹簧）进行清洁处理。

（2）目视检查绝缘子及其连接部件的外观是否良好。

（3）利用测力装置对斜拉绝缘子进行拉力检查。

（4）宜进行憎水性测试，按照《标称电压高于 1000V 交流架空线路用复合绝缘子使用导则》（DL/T 864—2004）的要求执行。

13. 光纤柱检查

（1）宜对光纤柱表面进行清洁处理，并目视检查其伞裙是否完好。

（2）检查光纤柱受力，不应超出厂家规定的上限值。

（3）宜进行憎水性测试，按照 DL/T 864—2004 的要求执行。

14. 旁路断路器检查

（1）检查旁路断路器外观，检查 SF_6 气体压力、弹簧/油压指示、分合闸指示等。

（2）从监控系统人机界面上下达指令，对 A、B、C 三相旁路断路器进行分、合操作各一次，检查断路器本体上的状态指示是否与监控系统显示的一致。

（3）检测导电主回路电阻，测量值应不大于制造厂商规定值的 120%。

（4）检测断路器的分、合闸时间，应符合产品技术要求。

（5）检测断路器的分、合闸速度，应符合产品技术要求。

（6）检查旁路断路器机构箱内二次元件、电动机、端子排、二次回路。

（7）检测辅助回路和控制回路绝缘电阻，采用1000V兆欧表进行测量，绝缘电阻不应小于20MΩ。

（8）进行闭锁、防跳跃及防止三相不一致合闸功能检验，按照产品技术要求检测三相不一致时间继电器的动作时间，应满足定值要求。

（9）检测SF_6气体含水量，运行中含水量不大于$300\mu L/L$。

（10）检测分、合闸线圈动作电压，应符合产品技术要求。

（11）检测分、合闸线圈直流电阻，应符合产品技术要求。

（12）密封性试验，年漏气率应不超过0.5%或符合设备技术文件要求。

（13）检测弹簧机构储能时间，应符合产品技术要求。

15. 隔离开关检查

（1）检查隔离开关外观。

（2）从监控系统人机界面上下达指令，对隔离开关进行分、合操作各五次，检查分、合是否到位，应无明显卡涩。

（3）检测导电主回路电阻，测量值应不大于制造厂规定值的120%。

（4）检查隔离开关机构箱电动机、端子排、二次回路是否异常。

（5）检测辅助回路和控制回路绝缘电阻，采用1000V兆欧表进行测量，绝缘电阻不应小于20MΩ。

16. 晶闸管阀控电抗器检查

（1）检查电抗器表面绝缘漆，如有损伤或脱落应及时补刷。

（2）检测电抗器的直流电阻值，测量值应与出厂值相差在±2%范围内。

三、TCSC型可控串联补偿设备二次设备检修

1. 检修用仪器设备与注意事项

（1）串联补偿设备二次设备检修至少需要使用以下仪器设备：数字式电压、电流表，1000V兆欧表，继电保护测试仪，示波器，激光光源和光功率计等。

（2）测量用检修仪器应检验合格，并经过定期校验，精度和量程满足使用要求，且不应超量程使用。

（3）二次设备检修时宜退出串联补偿设备，如在串联补偿设备运行状态下对一套控制保护系统进行检修，应确保另一套控制保护系统处于正常运行状态。为确保检修状态下的控制保护系统不误发保护信号，应投入装置检修压板，断开其所有出口压板。

2. 二次设备外观与接线检查

（1）应将保护屏柜上不参与正常运行的连接片取下，或采取其他防止误操作的措施。

（2）串联补偿设备各控制保护屏柜内二次设备各部分外观应完好无损坏，表面无划

痕、脱漆，无明显损坏及变形现象。对于有风冷散热的设备，宜检查其进、出风道是否被遮挡，冷却风扇工作是否正常，对于工作异常的冷却风扇应立即予以更换。

（3）宜对串联补偿设备各控制保护屏柜本体、下方以及二次设备、电缆、光缆上的积尘进行清扫、清洁，不应打开继电保护和安全自动装置机箱外壳对其内板卡进行清洁。清洁过程中不应造成光纤、电线连接点松动，不应使电缆号牌混乱。直流电源线与交流电源线宜分别清洁，以免混搭。屏柜封堵应良好。

（4）串联补偿设备各控制保护屏柜内二次设备的端子排、光回路和电气回路应连接正确可靠，且标号清晰准确。

（5）切换开关、按钮、键盘等应操作灵活。指示灯、面板显示应正常。

（6）光纤、光缆、电缆应无老化、断裂、破损现象，二次回路接线应符合《电气装置安装工程盘、柜及二次回路接线施工及验收规范》（GB 50171—2012）中的要求。

（7）检查各控制保护屏柜内二次回路的绝缘，应符合《继电保护和电网安全自动装置检验规程》（DL/T 995—2006）中的规定。

（8）检查平台测量箱内的光纤布线是否整齐规范，检查电信号和光纤的标号与图纸是否一致，检查平台测量箱内模数转换模块的电连接端子排引线螺钉压接的可靠性，检查光信号输入端是否已紧固。

（9）检查串补平台二次电缆的金属套管与平台是否接触良好（或称接地良好）。检测间隙触发控制用取能电流互感器二次电缆对串补平台的绝缘电阻，采用 1000V 兆欧表进行测量，绝缘电阻不应小于 20MΩ。测试后，应将各回路对地放电。

（10）电流互感器及其二次回路外部检查：

1）检查电流互感器二次绕组与串补平台测量箱之间接线的正确性，以及电流端子联片压接的可靠性。

2）检查电流互感器二次回路接地端子与平台连接状态（或称接地状况），要求接地符合《继电保护和安全自动装置技术规程》（GB/T 14285—2006）中的相关规定，接地点应无锈蚀和松动现象。

3）检查电流互感器外壳的接地状况，接地点应无锈蚀和松动现象。

3. 平台测量箱及间隙触发控制箱供电检验

（1）激光送能电源模块检验。激光送能电源模块检修项目及要求如下：

1）额定功率光源下，光电转换电源模块接额定负载时检测其输出电压，偏差不应超过额定值的 ±3%。

2）正常工作状态下光电转换电源模块的输出功率应符合产品技术要求。

（2）电流互感器取能电源模块检验。在电流互感器的一次侧或二次侧加入 20% 或以上额定电流，且取能电源模块接额定负载时检测其输出电压，偏差不应大于额定电压的 ±3%。

（3）激光送能与电流互感器取能切换检验。激光送能与电流互感器取能切换检修项目及要求如下：

1）当电流互感器取能模式不能为其负载电路提供能量时，应正确、可靠地由电流互感器取能模式切换至激光送能模式供电。观察激光电源装置面板指示灯，以及事件顺序记录（sequence of event，SOE）显示的信息，判断其是否正确。

2）当电流互感器取能模式能够为其负载电路提供能量时，应正确、可靠地由激光送能模式切换为电流互感器取能模式供电。观察激光电源装置面板指示灯，以及 SOE显示的信息，判断其是否正确。

（4）激光功率模块检验。正常工作状态下，通过人机界面观察激光功率模块的三相激光驱动板散热器温度、三相激光驱动板驱动电流是否符合产品技术要求。

4. 电流互感器及电阻分压器检验

（1）检验电流互感器各绕组的极性；核对铭牌上的极性标志是否正确；检查电流互感器二次绕组连接方式及其极性关系是否正确；测试电流互感器的伏安特性。

（2）检测电阻分压器的分压比偏差。

（3）检测电阻分压器、电流互感器的二次回路阻抗。

（4）检测电阻分压器、电流互感器的绝缘情况。对于安装在串联补偿设备平台的电流互感器，绝缘水平需符合《电力系统用串联电容器　第 1 部分：总则》（GB/T 6115.1—2008）中的规定。检查电流互感器二次绕组对串联补偿设备平台的绝缘电阻、电流互感器二次绕组对外壳和绕组之间的绝缘电阻、电流互感器接地点对串补平台的绝缘电阻，采用 1000V 兆欧表进行测量，绝缘电阻不应小于 20MΩ。测试后，应将各回路对地放电。

5. 光纤、光缆回路衰减检验

检查光缆回路的标识是否缺失，封堵是否完整等。光纤接头是否有松动。

6. 控制保护屏柜电源检验

（1）控制保护屏柜的直流电源应满足《输电线路保护装置通用技术条件》（GB/T 15145—2008）中的规定。

（2）检验屏柜的直流电源供电电压，其值不应超出额定值的 $-20\%\sim15\%$；检查屏柜的交流电源供电电压，其值不应超出额定值的 $-20\%\sim15\%$。

（3）可控串联补偿设备应检查密闭式水冷却系统的供电电源电压，其值不应超出额定值的 $-20\%\sim15\%$。

7. 数据采集检验

（1）准确度检验，利用标准信号源或其他试验装置在互感器的二次侧加入指定电压、电流量值，通过人机界面观察显示的测量值，判断其偏差是否符合设计要求。如在串补平台测量箱处，断开电流互感器二次侧与测量箱的连接，将继电保护测试仪的电流输出端口接入测量箱，分别施加二次额定电流的 20%、50%和 100%，记录监控系统人机界面上显示的各电流采集通道的数值，不平衡电流通道误差应小于 1%，其他电流通道误差应小于 5%。

（2）零漂检验，按照 DL/T 995—2006 中的要求执行。

（3）线性度检验，采用和标准测量系统相比对的试验方法，按照《高电压试验技术第 2 部分：测量系统》（GB/T 16927.2—2013）中的要求执行。

8. 开关量输入、输出回路检验

(1) 串联补偿设备开关量输入、开关量输出接口的性能指标应符合《继电保护和安全自动装置通用技术条件》（DL/T 478—2013）中的规定。

(2) 检查开关量输入回路，试验方法和试验项目按 DL/T 995—2006 中的相关规定执行，检验结果号应符合 DL/T 478—2013 及产品标准的要求，开关量输入信号 100％接收并于后台显示。

(3) 检查开关量输出回路，按照 DL/T 478—2013 中的要求执行，且遥控命令应100％执行。

9. 人机界面检验

(1) 对人机界面的检验分别按操作类、显示类、定值修改和设置类三类功能进行。

(2) 操作类主要检查人机界面分合隔离开关和旁路断路器的功能，此试验可与整组试验结合进行。

(3) 显示类检查包括以下内容：

1) 人机界面的模拟量趋势图功能检查。

2) 人机界面上显示的电压、电流测量值与实际值一致性检查。

(4) 对于定值修改和设置类检查包括以下功能：

1) 人机界面在两套控制保护系统之间切换显示的功能检查。

2) 保护参数的设置功能检查，保护定值的正确性检查。

3) 保护单元的保护投退功能检查。

4) 控制指令设置功能检查。

5) 三相模式和单相模式设置功能检查。

6) 禁止重投模式和允许重投模式设置功能检查。

7) 人机界面控制、调节功能设置检查。

8) 可控模式和固定模式之间的切换功能检查。

9) 阻抗值的设置功能检查，阻抗参数设定正确性检查。

10) 控制模式，包括阻抗开环、闭环控制，阻尼功率振荡（power oscillation damping，POD）功能投退设置检查。

10. 故障录波功能检验

(1) 暂态故障录波装置指示正确性检查。

(2) 手动启动录波，录波文件中的模拟量和开关量与实际的模拟量和开关量应一致。

(3) 对各种保护启动录波功能进行检查，可与保护功能试验结合进行。

(4) 通过保护及故障录波子站调用录波文件，检查与站内录波子站的通信是否正常。

11. 授时系统功能检验

(1) 检查授时系统所显示的时间是否准确，校时功能是否正常。

(2) 检查经过授时系统校时的当地工作站（如有）、远方工作站的时间是否正确。

（3）手动启动录波，从录波文件所记录的时间检查录波装置的时间是否正确。

（4）通过 SOE 上传信息检查时间是否正确。

12. 可控串补阀基电子电路、光纤耦合器和水冷却设备检验

（1）阀基电子电路电源实时监视功能检查，防止电源故障，或在电源功率不足时发出触发信号。

（2）光纤耦合器插入损耗检查，其衰减值应符合产品技术要求。

（3）密闭式水冷却设备控制状态检查应包括以下内容：

1）供水温度、压力检查。

2）回水温度、压力检查。

3）去离子水电阻率检查，阻值应大于 $5\text{M}\Omega \cdot \text{cm}$。

4）冷却水流量检查。

四、TCSC 型可控串联补偿设备其他实验

1. 保护功能及定值检验

串联补偿设备保护功能包括电容器保护、MOV 保护、触发型间隙保护、可控串联补偿设备晶闸管阀保护和其他保护功能，保护功能测试项目和测试方法根据各自的试验方案确定。

2. 成组试验

成组试验每一项都需要对应单独且完备的试验方案，本节只列举试验项目，实际工作参照试验方案进行。

（1）旁路断路器及隔离开关传动试验。

（2）串联补偿设备联跳线路功能试验。

（3）线路联动串联补偿设备功能试验。

（4）本体保护暂时旁路功能试验。

（5）本体保护永久旁路功能试验。

（6）监控服务器切换试验。

（7）整组间隙触发装置试验。

（8）控制功能试验。

五、TCSC 型可控串联补偿设备检修后投运

TCSS 型串联补偿设备在检修完成后投运之前，除了需调度部门下达指令外，还需进行如下工作：

1. 投运前基本条件：

（1）检修后必要的试验项目数据符合相关要求。

（2）检查本体所有的附件无缺陷，无渗漏；油漆完整，相标志正确。

（3）所有电气联接正确无误，所有控制、保护和信号系统运行可靠，指示位置正确。

（4）所有保护装置整定正确并能可靠动作。

2. 投运时检查：

（1）外观检查完好。

（2）有可靠的接地。

3. 注意事项：

（1）一次设备的交流耐压试验，应符合相关绝缘试验标准及厂家设备相关规定。

（2）工作任务清楚，不误进带电间隔、误登带电设备。

（3）在试验现场装设临时围栏，向外悬挂"止步、高压危险"的标识牌。

（4）人员分工明确，职责清晰。

（5）加强与运行人员的联系，试验电源由运行人员进行接、拆。

（6）试验前对被试品进行充分放电。

4. 验收与投运

（1）检修工作结束后的现场清理要求：

1）现场无油污。

2）现场无杂物、无遗留工器具。

（2）检修报告的编写及要求：

检修工作结束后，应编写检修报告，报告的内容应包括检查处理记录、处理的缺陷、标准检修外增加的项目、检修中遗留问题、验收意见及检修后设备评级。

（3）检修后的交接验收要求：检修竣工后应及时清理现场，整理记录、资料、图纸，清退材料，进行核算，提交竣工、验收报告，并按照验收规定组织现场验收。

（4）检修后的交接验收试验标准。参照相关标准和设备厂家规定。

（5）向运行部门移交的资料：①试验报告；②检修报告。

（6）检修后设备试运行时的检查项目和试运行时间：

1）检查项目：设备带电后，观察有无异常现象、异常响声，进行红外线测温，检查有无鼓肚、渗油等。

2）设备投运经过特殊性巡视，无异常现象，连续带电运行 24h 后方可认为试运行结束，可移交生产。

六、小结

对于 TCSC 型串联补偿设备的检修，需报请调度部门批准并接受其监督。由于 TC-SC 型串联补偿设备的生产厂家较少，且所有生产厂家都必须遵照相关的标准设计、生产和实施，本节内容较详细地列出了 TCSC 型串联补偿设备检修相关的技术内容，可以作为实际检修工作的部分依据。

第六节　小　　结

本章介绍了各种主流无功补偿设备的检修工作。其中，与并联电抗器相关的内容可以直接作为实际检修的依据，与 TCSC 型串联补偿设备相关的内容可以作为实际检修工作的部分依据；而对于其他无功补偿设备，本章介绍的内容主要为通用性、典型性的内容，篇幅所限，各个设备厂家之间的差异性内容并未提及。

实际检修工作中，设备厂家提供的说明书、运行维护手册和图纸等资料，能够基本说明设备的特点和运维要求，因此，在此类无功补偿设备的运行维护工作中，设备厂家提供的资料非常有参考意义。

需要注意的是，在实际工作中，本章所描述的内容和厂家提供的资料可以作为运维工作的参考，当这些内容与变电站其他规范或标准不一致时，应以变电站的标准或规范为准。

第六章

无功补偿设备应用案例

第一节 概 述

不同的无功补偿设备都有各自的技术特点，除 SSSC 及电能质量调节器（unified power quality conditioner，UPQC）之类的示范性设备外，其他类型的无功补偿设备大多在电力系统、新能源发电和工业变电站等领域广泛应用。

对于同步发电机/调相机，大多用于相对较大区域电网的系统中枢点，起到保证整个区域电网无功平衡和电压稳定的作用。近年来，由于新能源发电的规模越来越大，同步发电机/调相机在系统中的应用也越来越多。与实体调相机对应，近年来专家学者们也对虚拟调相机开展了广泛的研究，虚拟调相机可以与实体调相机互为补充。

并联电容器类无功补偿设备（包括机械投切电容和机械投切无源滤波器）在电力系统和用户变电站中广泛应用，是电网中用量最大的无功补偿设备。并联电容器类无功补偿设备与其他类型无功补偿设备配合使用，可以在保证补偿性能的同时，大幅度降低成本。

饱和电抗器类无功补偿设备（包括 MCR 型并联电抗器和磁控型可控高抗等）广泛用于传统发电厂、新能源发电、工业用户变电站、采矿业等领域，可控高抗用于高压和特高压输电线路。

晶闸管投切/控制类的并联型无功补偿设备（包括 TCR、TCT、TSR、TSC、TCC 等）性能较好且成本较低，尤其是 TCR 型 SVC，广泛应用于新能源发电、电力系统、融冰、工业变电站、采矿业、港口等领域。

TCSC 型串联补偿设备，目前已经在基本所有的高压、特高压和超高压线路中应用，与传统的不可控串联补偿设备配合使用，能够大幅度降低设备成本。

基于可关断器件的变流器类并联型无功补偿设备（包括 SVG、APF 等），主要应用于新能源发电、工业变电站、港口等领域，用于对无功的快速动态补偿。近年来，百兆乏以上功率等级的同步补偿装置在电网中也开始采用，用于稳定 500kV 变电站的母线电压。

基于可关断器件的变流器类串联无功补偿设备（例如 SSSC）和混合型补偿设备（例如 UPFC），主要用于输电线路的无功补偿，目前还处于示范工程阶段，由于其性能上的巨大优势，相信随着可关断器件的发展，成本将大幅度降低，会在未来的电力系统中发挥巨大作用。各类无功补偿设备应用情况见表 6-1。

表 6-1　　　　　　　　　　　　各类无功补偿设备应用情况

名　称	典型容量范围（绝对值）	应 用 情 况
同步发电机/调相机	一般大于 50Mvar	较大区域电网系统中枢点的无功补偿
并联电容器类无功补偿设备	大多采用电容器串并联的方式，容量根据应用场景的实际补偿需求确定	电力系统变电站。 无功负荷平稳的工业用户变电站。 新能源发电场站。 其他无功负荷平稳，不需要频繁改变无功补偿容量的场合
MSR	一般大于 50Mvar	高压、特高压及超高压系统的线路上，可以与可控高抗配合使用
MCR	一般大于 50Mvar	高压、特高压及超高压系统的线路
TSC	大多采用电容器串并联的方式，容量根据应用场景的实际补偿需求确定	冶金、矿山等需快速频繁投切电容补偿的用户
TCC	一般小于 500kvar	低压小容量，非常适合广大低压终端用户
TSR	1～50Mvar	牵引变电所，可与 TSC 配合使用
TCR+FC	1～500Mvar	电力系统变电站。 新能源发电场站。 冶金行业。 无功负荷快速变化的工业变电站。 输电线路无功补偿及融冰。 其他无功负荷快速变化的场景
MCR+FC	1～100Mvar	新能源发电场站。 冶金行业。 无功负荷快速变化的工业变电站
SVG	50kvar～100Mvar	低压系统及用户。 电力系统变电站。 新能源发电场站。 无功负荷特别快速变化的工业变电站
SSSC、UPFC 等新型无功补偿装置	一般大于 100Mvar	主要应用于电力系统变电站

　　本章将分别列举各类无功补偿设备的应用案例，并针对案例进行简单分析。对于同步发电机/调相机的应用，由于其应用场景单一，不再介绍其应用案例；对于并联电容器类无功补偿设备，不对其应用案例进行介绍，重点介绍某变电站电容器的串联电抗器烧毁案例及分析；对于 TCR 型 SVC 和 SVG，将列举其在各个领域的应用案例并进行简单分析；对于 TCSC 型串联补偿设备、可控高抗和 SSSC 型串联补偿设备，将列举其工程应用及效果。

第二节　并联电容器应用案例

并联电容器的应用广泛，在应用过程中，如果参数选择合适，通常情况下不会出现故障或事故，但与之配套的串联电抗器却经常出现异响、过热甚至烧毁的情况。本节就某变电站的实际案例展开分析，分析电抗器烧毁的原因。

一、案例情况

某变电站为 110kV 变电站，规划三台 110kV/10.5kV 5000kVA 主变，主变型号为 SZ 11 - 50000kVA/110±8 * 1.25%/10.5，组别为 Yn，d11，一期安装两台主变，每台主变 10.5kV 母线配置两组补偿电容器，容量分别为 3600kvar 和 4800kvar，两组补偿电容器原设计选配电抗器的串抗率为 1%。

该变电站 10kV 辐射供电区域负荷主要为居民负荷，大负荷主要是两回高铁站供电，每回 6000kVA，一回铜冶炼厂供电，负荷 4000～5000kVA。

2017 年 9 月，该变电站进行变压器空载试投，当投入一组 3600kvar 电容器时，该电容器组串联电抗器噪音较大，但在可接受范围内，当 4800kvar 电容器组也投入后，噪音更大，而且电抗器过热冒烟，停电后检测，电抗器已烧毁。

事故发生后，电容器厂家和供电公司相关技术人员对事故电容器和电抗器进行了检测和分析，检测结果显示电容器容量和耐压都达标，未烧毁电抗器的参数也没问题，通过对现场谐波情况进行测量，初步判断电抗器发热应该是由于电网背景谐波电容器组投入系统后引起谐波电流电压放大甚至谐振造成。

二、案例分析

1. 负荷谐波特征

该变电站的负荷主要是居民负荷、高铁站负荷和铜冶炼厂负荷。

（1）居民负荷谐波情况。居民负荷较为复杂，带有大量使用变频器调速的 400V 电动机负荷、整流负荷及照明负荷，由于无法对变电站所带居民负荷谐波情况单独测量，因此只能就典型的居民负荷进行讨论。

典型情况下，居民负荷带来的谐波电压 THD 95% 概率大值为 3.25%，其中 5 次谐波畸变率 95% 概率大值为 2.58%，7 次谐波畸变率 95% 概率大值为 1.36%，11 次谐波畸变率 95% 概率大值为 1.14%。谐波电流要以 5 次、7 次、11 次、13 次谐波电流为特征谐波，其中 5 次谐波含量最大。谐波电压频谱示意图如图 6-1 所示。谐波电压虽未超过

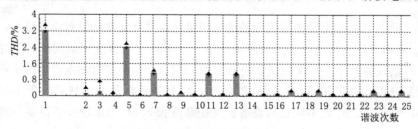

图 6-1　谐波电压频谱示意图

《电能质量　公用电网谐波》（GB/T 14549—1993）标准的限值要求，但依然会污染电网。

（2）高铁站负荷

高铁站负荷主要分为两部分：一部分为站用电负荷，这部分负荷特性与居民负荷类似；另一部分为牵引负荷，目前高铁列车主要为 CRH1、CRH2 型动车组，谐波含量相对较低，功率因数一般在 0.95 以上，数据表明大多数高速列车产生的谐波电流主要为 13 次、20 次、21 次、22 次、24 次等高次谐波，频谱带较宽。根据故障时的变电站运行数据分析，当时高铁站无列车通过，负荷很小。

（3）铜冶炼厂负荷

铜冶炼厂 70% 以上的负荷为铜电解作业，铜电解作业广泛应用大功率可控硅整流电源，通常整流电源采用双反星六相或十二相整流方式，通过控制可控硅导通角的大小来调节输出直流电流和电压。通过分析和实测，以双反星六相可控硅整流为例，其产生的谐波以 5 次谐波为主，同时含有 3 次、7 次、11 次谐波成分，其中由于整流变压器组别多为 Dyn11，3 次谐波不会影响电网。

通过对变电站负荷情况综合分析，可以初步认为，故障发生时该变电站 10kV 母线的谐波污染主要为 5 次、7 次、11 次、13 次谐波及极少量 21 次以上高次谐波。

2. 该变电站并联电容器组谐波特性

并联电容器等效电路如图 6-2 所示。

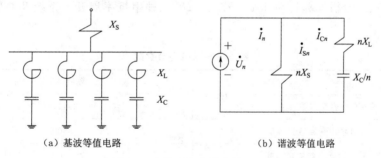

（a）基波等值电路　　　　　　　（b）谐波等值电路

图 6-2　并联电容器等效电路

图 6-2 中的等值电路忽略了电容器、电抗器及附加电路的电阻，各支路谐波电流为

$$I_{Cn} = I_n \frac{nX_S}{nX_S + nX_L - \dfrac{X_C}{n}} \tag{6-1}$$

$$I_{Cn} = I_n \frac{nX_L - \dfrac{X_C}{n}}{nX_S + nX_L - \dfrac{X_C}{n}} \tag{6-2}$$

$$Z_n = \frac{nX_S \left(nX_L - \dfrac{X_C}{n} \right)}{nX_S + nX_L - \dfrac{X_C}{n}} \tag{6-3}$$

式中 X_S——系统等值基波电抗；

$\quad\quad X_L$——串联电抗器基波电抗；

$\quad\quad X_C$——并联电容器基波容抗；

$\quad\quad n$——谐波次数；

$\quad\quad I_n$——谐波源注入回路的第 n 次谐波电流。

在不同的谐波阻抗条件下，当 $nX_L - \dfrac{X_C}{n} = 0$ 时，电容支路串联谐振，即并联电容器装置与电网于第 n 次谐波发生串联谐振。

当 $nX_S + nX_L - \dfrac{X_C}{n} = 0$ 时，系统和电容支路并联谐振，即并联电容器装置与电网于第 n 次谐波发生并联谐振，并可推导出电容器装置的谐振容量 Q_{Cxn}，其公式为

$$Q_{Cxn} = S_d \left(\frac{1}{n^2} - K \right) \quad\quad\quad (6-4)$$

式中 S_d——并联电容器装置安装处的母线短路容量，MVA；

$\quad\quad Q_{Cxn}$——发生 n 次谐波谐振的电容器容量，Mvar；

$\quad\quad K$——串抗率。

3. 并联谐振分析

并联谐振的分析计算针对 1％、5％、12％ 三种串抗率展开。系统及并联电容器参数见表 6-2。

表 6-2 系统及并联电容器参数

参 数	数值/kVA
系统短路容量（单台主变）	294117
1 号补偿电容器装置容量	3600
2 号补偿电容器装置容量	4800

变电站补偿电容器支路原设计安装串抗率为 1％，将表 6-2 中有关参数代入式（6-4），得 3 次、5 次、7 次、11 次、13 次、21 次谐波谐振的电容器容量，见表 6-3。

表 6-3 串抗率为 1％时各次谐波对应的并联电容器容量

谐波次数	3	5	7	11	13	21
Q_{Cx}/Mvar	29.7385	8.82351	3.061218	−0.51045	−1.20083	−2.27424

可见，3600kvar 和 4800kvar 电容器组配置串抗率为 1％ 的串联电抗器不会发生 3 次、5 次、7 次、11 次、13 次、21 次谐波并联谐振。

假设变电站补偿电容器支路串联串抗率改为 5％，则将表 6-2 中有关参数代入式（6-4），得 3 次、5 次、7 次、11 次、13 次、21 次谐波谐振的电容器容量，见表 6-4。

表 6 - 4 串抗率为 5% 时各次谐波对应的并联电容器容量

谐波次数	3	5	7	11	13	21
Q_{Cxn}/Mvar	17.9738	−2.94117	−8.70346	−12.2751	−12.9655	−14.038

可见，3600kvar 和 4800kvar 电容器组配置串抗率为 5% 的串联电抗器不会发生 3 次、5 次、7 次、11 次、13 次、21 次谐波并联谐振。

假设变电站补偿电容器支路串抗率为 12%，则将表 6 - 2 中有关参数代入式（6 - 4），得 3 次、5 次、7 次、11 次、13 次、21 次谐波谐振的电容器容量，见表 6 - 5。

表 6 - 5 串抗率为 12% 时各次谐波对应的并联电容器容量

谐波次数	3	5	7	11	13	21
Q_{Cxn}/Mvar	−2.61437	−23.5294	−29.2917	−32.8633	−33.5537	−34.6271

可见，3600kvar 和 4800kvar 电容器组配置串抗率为 12% 的串联电抗器不会发生 3 次、5 次、7 次、11 次、13 次、21 次谐波并联谐振。

4. 谐波放大情况分析

谐波放大的分析计算针对 1%、5%、12% 三种串抗率展开。

为了便于分析，忽略系统谐波电阻及负载谐波电阻，引入谐波电压放大率 K_{VN}，K_{VN} 为并联电容器支路电压与系统谐波电压之比，其公式为

$$K_{VN} = \left| \frac{n^2 K - 1}{n^2 \left[\frac{Q_{cn}(1-K)^2}{S_d} + K \right] - 1} \right| \tag{6-5}$$

式中　S_d——并联电容器装置安装处的母线短路容量，MVA；

　　　Q_{cn}——电容器容量，Mvar；

　　　K——串抗率；

　　　n——谐波系数。

串抗率为 1%、5%、12% 时，将有关参数代入式（6 - 5），计算 3600kvar 电容器组对 3 次、5 次、7 次、11 次、13 次、21 次谐波电压放大率 K_{VN}，见表 6 - 6。

表 6 - 6 3600kvar 电容器组各次谐波放大率

谐波次数	3	5	7	11	13	21
1% 串抗率下	1.134627	1.666402	6.55021	0.12638	0.253908	0.391921
5% 串抗率下	1.220663	0.475121	0.728162	0.790703	0.799615	0.812056
12% 串抗率下	0.48393	0.894062	0.913091	0.921798	0.923284	0.925485

串抗率为 1%、5%、12% 时，将有关参数代入式（6 - 5），计算 4800kvar 电容器组对 3 次、5 次、7 次、11 次、13 次、21 次谐波电压放大率 K_{VN}，见表 6 - 7。

表 6－7   4800kvar 电容器组各次谐波放大率

谐波次数	3	5	7	11	13	21
1％串抗率下	1.187936	2.142274	1.86258	0.097877	0.203338	0.325869
5％串抗率下	1.317577	0.404372	0.667663	0.739137	0.749549	0.764182
12％串抗率下	0.412902	0.863567	0.887384	0.89838	0.900262	0.903054

从表 6－6、表 6－7 结果可以看出，1％串抗率下，3600kvar、4800kvar 两组电容器组对 3 次、5 次、7 次谐波电压都有放大作用；5％串抗率下，3600kvar、4800kvar 两组电容对 3 次谐波电压都有放大作用；12％串抗率下，3600kvar、4800kvar 两组电容对参与计算的谐波电压都不会放大。

结合变电站所带负荷谐波特性，原设计 1％的串抗率下，电容器组有很大概率放大谐波电压，从而对电抗器的安全运行产生影响。

三、对于并联电容器组串抗率选择的建议

根据 GB/T 14549—1993 的规定，可以认为当 3 次、5 次、7 次谐波含量较小时，可选择 0.1％～1％串抗率的串联电抗器，但应验算电容器装置投入后 3 次谐波放大是否超过或接近国标限值，并且有一定的裕度；当 3 次谐波含量较大，已经超过或接近国标限值时，选择 12％串联电抗器或 12％与 4.5％～6％的串联电抗器混合装设；当 3 次谐波含量很小，5 次及以上谐波含量较大（包括已经超过或接近国标限值）时，选择 4.5％～6％的串联电抗器，忌用 0.1％～1％的串联电抗器。对于采用 0.1％～1％的串联电抗器，要防止对 5 次、7 次谐波的严重放大或谐振；对于采用 4.5％～6％的串联电抗器，要防止对 3 次谐波的严重放大或谐振。

结合上述选择串联电抗器的原则及对变电站的估算分析，建议将串联电抗器更换为串抗率为 5％的电抗器。

第三节   SVC 应 用 案 例

从 2000 年左右开始，在国内总体经济快速发展的背景下，SVC 在冶金、新能源和电力系统中大规模应用，单台容量也达到了百兆乏级别，而且，也衍生出例如无功补偿兼融冰功能的新型 SVC。

由于 TCR 型 SVC 的应用领域最为广泛，其作用和效果能够代表绝大部分 SVC，本节以 TCR 型 SVC 为例，分别列举其在工业用户和电网中的应用案例。

一、TCR 型 SVC 在冶金行业的应用案例

1. 基本情况介绍

某炼钢厂共有 3 座 120t 的精炼炉。炉变为 35kV /20MVA 变压器。精炼炉在加热

钢水时会对电网造成无功冲击、高次谐波、电压闪变、电压波动、三相电压及电流不平衡、功率因数低等不利影响。其功率因数仅为 0.75，2 次、3 次谐波超标，对电网造成了极大危害而且多次出现高压断路器和供电电缆绝缘故障。因此，必须对该供电系统采取动态无功补偿措施进行治理。

2. 供电系统基本参数

(1) 系统的短路容量：

220kVA 母线：$S_{kmax} = 8403$MVA，$S_{kmin} = 5882$MVA。

35kVA 母线：$S_{kmax} = 865$MVA，$S_{kmin} = 680$MVA。

(2) 1 号、2 号主变基本参数：

型号：SFPSZ8—120000/220。

额定容量：120MVA。

额定电压：$220 + 8 \times 1.25\% / 37 / 11$kV。

短路阻抗：$U_{d(1-2)} = 13\%$，$U_{d(1-3)} = 23\%$，$U_{d(2-3)} = 8\%$。

(3) 120t 精炼炉炉变基本技术参数：

型号：HJSSPZ—20000/35。

额定容量：20MVA。

额定一次电压：35kV。

二次电压：320V/311V/302V/294V/278V/264V/251V/229V/207V/188V/170V，共 11 级。294V 以上为恒功率运行，以下为恒电流运行。

一次电流：330A。

二次电流：39000A（294V 时）。

短路阻抗：6%（294V 时）。

3. SVC 未投运时供电系统电能质量

(1) 谐波含量。2 次、3 次谐波电流分别为 49.78A 和 40.35A。

(2) 功率因数。精炼炉的平均功率因数约为 0.75，远不符合供电局规定的功率因数达到 0.92 以上的要求。

4. 应达到的指标

(1) 谐波电流。根据国家相关标准和炼钢厂实际情况，谐波电流允许值见表 6-8。

表 6-8　　　　　　　谐 波 电 流 允 许 值

谐波次数	2	3	4	5	6	7	8	9	10	11	12	13
谐波电流允许值/A	40.8	32.6	20.9	32.6	13.9	23.9	10.3	11.2	8.43	15.2	7.07	12.8
谐波次数	14	15	16	17	18	19	20	21	22	23	24	25
谐波电流允许值/A	5.98	6.8	5.17	9.79	4.6	8.7	4.35	4.89	3.81	7.34	3.54	6.8

（2）电压波动限值小于 2％；闪变小于 0.8％。

（3）三相电压不平衡度长期应不大于 2％，瞬时应不大于 4％。

（4）月平均功率因数为 0.95（按 2 台精炼炉考虑）。

5. SVC 方案

根据炼钢厂 35kV 电网电能质量的实际测试和实际生产情况，决定在 35kV 母线安装一套 SVC。补偿容量按 2 台 120t 精炼炉同时工作考虑，其中 2 号精炼炉长期补偿，1 号精炼炉和 3 号精炼炉任意补偿一台。SVC 系统采用 TCR＋FC 型补偿方式，根据精炼炉的工作特点必须满足分相调节要求。

按照补偿后功率因数达到 0.95 考虑，一台精炼炉的无功缺额 9.086Mvar。两台为 18.172Mvar。考虑到需要留有一定余量，确定补偿容量为 20Mvar。

考虑到防止无功倒送和调节三相不平衡，TCR 的容量必须大于补偿电容量，确定为 22Mvar。

滤波器设 2 次、3 次两个滤波通道，3 次为高通滤波器。总安装容量为 37440kvar，基波补偿容量为 20178kvar。

6. 补偿后效果

两台精炼炉同时补偿时功率因数为 0.98；2 次谐波电流为 11.09A；3 次谐波电流为 17.51A；电压畸变率为 A 相 1.28％，B 相 1.15％，C 相 1.37％；电压波动值小于 1.3％；三相电压不平衡度小于 1.3％。

该装置于 2005 年 8 月在钢厂投入使用，使电网功率因数由原来的 0.75 增加到 0.98，电网供电质量大大提高。既节约了容量费，又降低了故障率。

该装置投运前，钢厂 04 变电站运行了两台 120MVA 变压器。该装置投运后，由于功率因数提高，04 变电站仅用 1 台变压器就能满足生产要求。容量费按 18 元/kVA 计算，每年节省容量费为 2592 万元，该项目投资为 1360 万元。7 个月即可收回投资费用。

另外，在该装置投运前，由于谐波含量超标，35kV 供电系统多次出现故障，35kV 高压真空断路器每年都会出现 2～3 次灭弧室损坏，35kV 电缆头也曾经损坏过一次。该装置投运后未出现过灭弧室损坏和电缆损坏故障。自投运以来，系统运行稳定。

二、TCR 型 SVC 在电网的应用案例

1. 基本情况介绍

某 220kV 枢纽变电站，共有 4 台 120MVA 主变压器。9 条 220kV 线路与主网连接，220kV 采用双母线（东母、西母）带侧母线的接线方式，并列运行；66kV 系统共有 20 回出线，带钢厂制氧、给水、炼铁、炼钢、轧钢等负荷及市区部分负荷，钢厂负荷具有一定冲击性，采用分列运行方式。正常运行方式下 220kV 母联开关合位，东、西母并列运行；66kV 南、北母联开关在合位，东、西母分段开关在开位，东、西母南段并列运行，东、西母北段并列运行；3 号、4 号主变压器三次侧（35kV）并列运行，只带 SVC。变电站主接线图如图 6-3 所示。

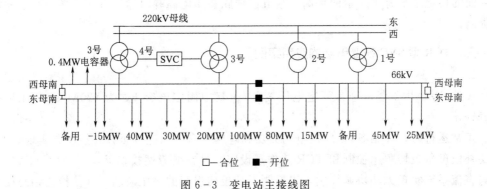

□—合位 ■—开位

图 6-3 变电站主接线图

SVC 取代一台由于设备老化、实际出力仅 20Mvar、额定容量 60Mvar 的调相机，实现对电网的动态无功调节，稳定电网电压，并抑制冲击负荷造成的电压波动。

2. SVC 设计

3 号、4 号主变压器 3 次装设 SVC 后，将成为主要调压手段。需加装一套动态无功调节范围为 +80Mvar（容性）～ -50Mvar（感性）的 SVC。

根据多次谐波测试统计分析结果，66kV 现有负荷的谐波电流含量主要为 3 次、5 次、7 次，TCR 支路的谐波特性也是如此。为满足 SVC 动态调节范围所需，设置 3 次、5 次、7 次单调谐滤波器各 2 个，共 6 个滤波支路。另外，考虑到投资的经济性，在 66kV 侧装设一并联电容器组，采用普通串联电抗器，以抑制合闸涌流和谐波。

TCR 容量为 80Mvar，6 个滤波器支路共提供容性基波无功 82.8Mvar，66kV 电容器组提供 17.7Mvar，共计 100.5Mvar，超过重负荷调压所要求的 80Mvar，并可为未来负荷增长留有一定裕度；只投入 1 个 3 次和 1 个 5 次滤波器支路时，SVC 的容性基波无功为 27Mvar，SVC 可输出的感性无功功率超过 50Mvar，满足轻负荷时的调压要求。

3. SVC 运行效果

（1）减少一次系统远距离输送无功功率，降低一次网损。可使系统减少一次有功网损 2.13MW。

（2）提高二次系统电压，降低二次网损。可使二次系统每年少损失电量约 401.3 万 kWh。

（3）降低系统电压波动，提高电能质量。投入 SVC 后，66kV 西母电压的波动在 0.5% 范围内，波动很小，变电站所带的二次变电所 10kV 系统电压的波动也很小。SVC 也使 220kV 电压波动降低，大大提高系统的电能质量。

（4）快速电压支撑作用。SVC 投运以后，由于 SVC 的快速响应能力，能够在系统出现电压跌落时，迅速支撑系统电压。

（5）改善了系统潮流分布。由于变电站处于负荷中心，又是电网连接的枢纽，由于无功负荷较大，出现了无功功率逆流，使系统的安全裕度降低。SVC 投运之后，系统潮流分布更加合理，系统更加稳定。

（6）提高了受电断面的稳定水平。由于送往变电站的五回线路无功功率减少，使受电断面的稳定水平有了一定的提高，这五回线路在用电高峰时输送有功的能力有了一定的提高。

三、TCR 型 SVC 在变电站的应用案例

1. A 站 SVC

A 站 SVC 共 2 套，每套额定电压 35kV，其中固定电容 FC 为 120Mvar、TCR 为 120Mvar。

正常运行时，A 站 SVC 应按电网无功和电压要求，以逆调压方式控制，实现 35kV 无功补偿设备投切顺序控制和 TCR 工作点设定，且在换流站投切无功设备时，SVC 应能与直流系统实现无功协调控制，以抑制无功投切引起的电压波动，并使换流站与交流系统的无功交换控制在一定范围内；在暂态过程中，SVC 应控制 TCR，快速释放电网需要的容性无功或吸收电网多余的感性无功，提高暂态电压稳定水平。

2. B 站 SVC

B 站 SVC 采用先进的晶闸管光触发技术，是国内已投产容量最大的基于晶闸管光触发的 SVC。SVC 安装于 35kV 母线侧，B 站 SVC 可调节无功设计范围为 0～210Mvar。

B 站作为在西电东送交流通道的中间节点，加装 SVC 能有效地提高节点电压，增大通道的输电能力。

3. C 站 SVC 兼直流融冰装置

C 站 SVC 兼直流融冰装置额定电压为 35kV，TCR 电抗器容量为 150Mvar，滤波电容器容量为 120Mvar，SVC 状态下无功调节范围为 $-30\sim120$Mvar。

当运行于融冰方式时（12 脉动整流阀），其额定直流电压为 ±16kV，额定直流电流为 3600A，额定有功功率为 115MW。

4. D 站 SVC 兼直流融冰装置

D 站 SVC 兼直流融冰装置额定电压为 35kV，TCR 电抗器容量为 240Mvar，滤波电容器容量为 180Mvar，SVC 状态下无功调节范围为 $-60\sim180$Mvar。

当运行于融冰方式时（12 脉动整流阀），额定直流电压为 ±25kV，额定直流电流为 4500A，额定有功功率为 225MW。

四、小结

TCR 型 SVC 用于冶金等工业用户，可以提高用户功率因数，改善用户接入点的电能质量；TCR 型 SVC 用于电网，可以有效优化电网的无功潮流，提高扰动下电网的电压稳定性、功角稳定性，并能一定程度上阻尼所在线路的功率振荡。

第四节　SVG 应 用 案 例

SVG 在很多时候又被称作静止同步补偿器（static synchronous compensator, STATCOM），从 2011 年左右开始，随着新能源的大规模发展，由于 SVG 在系统电压低的时候依然能够输出额定无功补偿电流，因此其在新能源发电领域中得到大规模应

用。而且由于 SVG 的相对速度快、补偿方式灵活，在工业用户和电网中也得到了大量的应用。SVG 单台容量达到了百兆乏级别。

本节分别列举 SVG 在工业用户和电网中的应用案例。

一、SVG 在冶金领域的应用

1. 基本情况介绍

某钢厂轧钢高线生产线采用直流电机驱动。通过多台 10kV/0.66kV 以及 10kV/0.44kV 整流变压器分别向各机组直流电机的整流单元供电。车间主轧线轧机共 18 架，为全连续布置，分为粗轧机组、中轧机组、预精轧机组及精轧机组。其中粗轧机 7 架、中轧机 6 架、预精轧机 4 架、精轧机 1 架，全线共 18 个轧制道次。轧件依次进入各机组并形成连轧关系，除精轧机额定功率为 5500kW，其他轧机额定功率都是 600kW。

2. 无功补偿容量

一期无功补偿设备主要是对 I 段母线进行补偿（包括 1 号、3 号、4 号、5 号整流变，1 号动力变，1 号水处理变）。计算时负荷率取 0.7，过载倍数为 1，整流变平均功率因数为 0.72，动力变和水处理变平均功率因数为 0.85，补偿后的目标功率因数为 0.95。计算得到无功补偿总需求容量为 4023kvar。经过实测后，补偿容量需求调整为 3679kvar。因此选择补偿容量为 4000kvar 的 SVG，同时需要 SVG 滤除 13 次以内的谐波。

3. SVG 投入后效果

SVG 投运前轧机运行的功率情况如图 6-4 所示。SVG 投运后轧机运行的功率情况如图 6-5 所示。

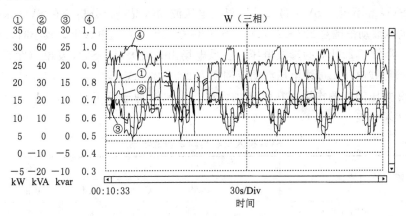

图 6-4　SVG 投运前轧机运行的功率情况
①—有功功率；②—视在功率；③—无功功率；④—功率因数

随着高线各机组轧制运行，负载大范围变化，通过 SVG 实时补偿无功功率，响应速度快，功率因数始终保持在 0.95 以上，具有很好的补偿特性，节约了大量电能。补偿前平均功率因数为 0.8，月电费增加 5%；补偿后平均功率因数为 0.95，月电费减少 0.75%。

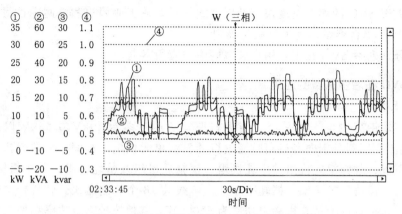

图 6 - 5　SVG 投运后轧机运行的功率情况

①—有功功率；②—视在功率；③—无功功率；④—功率因数

二、SVG 在风电场的应用

1. 基本情况介绍

某风电基地装机容量 450MW，经 220kV 同跳线集中接入 220kV 变电站。在 10kV 母线上并联安装 3 台 ±10Mvar SVG，实现额定补偿范围内的无功功率快速、连续、平滑调节。其动态响应时间不大于 10ms，装置输出谐波电流总畸变率小于 3%，具有长达 10s 左右的 1.15 倍额定容量过载能力。

2. SVG 作用

（1）对电压波动的作用。将 SVG 的运行模式设定为电压控制模式，对风电场出力近似时投入 SVG 和不投入 SVG 的 220kV 母线电压波动情况进行分析。在 SVG 未投入运行时，母线电压波动范围是 227～235kV；当 SVG 投入后，在风电场出力较小时，SVG 发出感性无功，降低了 220kV 的母线电压；在风电场出力较大时，SVG 发出容性无功，提高了 220kV 的母线电压。母线电压波动范围变为 229～233kV。

（2）对电压闪变的作用。在风电场大风、小风两种运行工况下，SVG 投入前后的闪变测试结果见表 6 - 9。

表 6 - 9　　　　　　　　　SVG 投入前后的闪变测试结果

测 试 工 况		P_{st}			P_{lt}		
		A 相	B 相	C 相	A 相	B 相	C 相
大风期	SVG 未投入	0.73	0.73	0.71	0.68	0.67	0.66
	SVG 投入	0.34	0.33	0.33	0.31	0.30	0.30
小风期	SVG 未投入	0.56	0.56	0.57	0.53	0.53	0.53
	SVG 投入	0.33	0.32	0.33	0.30	0.30	0.31

由表 6 - 9 可见，SVG 对闪变有明显的改善效果。

（3）SVG 对电网谐波的作用。本案例装设的 SVG 不具有专门的谐波治理功能，但通过谐波监测发现，SVG 是否投入与监测点的谐波情况有明显的关联性，SVG 投入后，监测点谐波情况明显改善，有可能是无功潮流或母线电压的变化影响了谐波潮流情况，由于数据不足，不能够确定具体原因。

三、大容量 SVG 在枢纽变电站的应用

1. 基本情况介绍

上海电网负荷高度集中，是我国最典型的受端电网，而黄渡分区又是上海电网的一个大受电端。继 3 台 50Mvar 调相机退出运行后，该区域缺乏强有力的无功电源作为电压支撑。因此在电网发生事故时，极易发生低电压甩负荷现象，甚至由此发生电压崩溃事故。

上海某变电站装设人工投切电容器 60Mvar，分两组各 30Mvar，分别安装在 13 号和 14 号变压器下，额定容量 50MVA 的 STATCOM 配合并联电容器使用。对固定电容器和 SVG 进行协调控制，在正常运行情况下，SVG 更多地处于感性状态，即吸收无功功率，和电容器发出的无功相平衡，维持电压在正常水平。当系统发生故障，接入点电压下降，SVG 迅速响应，由感抗状态进入容抗状态，发出无功功率，维持接入点电压在较高水平。

这种混合式 SVG 具有响应速度快、可连续调节、阻尼特性好等优点，而且由于固定电容器可以始终在系统中运行，解决了固定电容器投切时间的选择、对系统的冲击、不能连续调节等问题，克服了固定电容器无功功率输出对电压变化敏感的缺点。

2. SVG 运行效果

在事故或负荷突增时，SVG 能提高扰动后的最低电压和稳态电压，缩短系统电压恢复时间，对黄渡分区能起到动态无功电压支撑的作用。某站振荡最低电压平均升高了 5.79%，稳态电压平均升高了 2.03%；在事故或负荷突增时，电压恢复至 0.8 倍标幺值的时间分别缩短了 190ms 与 80 ms。

从实际调节作用看，该装置的调节能力最大影响 220 kV、110 kV、35 kV、10 kV 母线稳态电压幅度分别为 1.36%、5.55%、6.78%、21.5%。对西郊地区电压及西郊站功率因数的控制效果明显。

四、SVG 在其他领域的应用

1. SVG 在汽车和船舶制造等行业的应用

在汽车制造行业中，电焊机是必不可少的设备，电焊机的随机性、快速性以及冲击性，使得负载变化非常快速、消耗了大量的无功电能，电能质量问题极其严重。带来的不仅仅是谐波问题，更为严重的是近乎实时的无功能量消耗并产生了大电流变化，导致电压大幅度跌落，这些跌落会降低焊接质量、降低焊接生产线能力以及致使自动化程度很高的焊接机器人由于电压不稳定停止工作。另外，这些负载将会引发电压闪变故障，经常会超过传统补偿装置的限度。

SVG 实时补偿可以起到如下作用：提高焊接质量，减少废渣和返工，增加生产能力，减少电压闪变，加强设备的使用能力（最好地利用现有供电设施），降低维修费用。

2.SVG 在医院、高层建筑或其他商业中心等中的应用

很多医院、高层建筑或商业中心会被大楼内的电梯、空调、照明、通风风机、线路、变压器和加热器以及机房弱电系统等负载所影响，使得总的负荷水平不断变化。而且现在的医疗中心、计算机和其他敏感负载，都容易被传统补偿装置引起的火花所影响。

SVG 可以稳定设备负载，消除其他电力电子装置带来的火花，增加敏感设备的使用寿命，减少维修费用。

3.SVG 在电气化铁路及轨道交通领域的应用

电气化铁路及轨道交通具有很长的输配电系统和快速变化的负载，导致了明显的电压降落和电压闪变。产生大容量容性无功，功率因数低，抬高了线路末端电压，存在系统谐振，明显降低了供电电网带负载能力，影响系统稳定性，降低设备使用寿命。

使用 SVG 可完美解决上述问题，稳定电能供应，减少系统损失和维护费用，对电网提供电压支持，防止功率因数过低而被罚款。同时也是打造便捷、高效、节能、环保的轨道交通网络体系的重要内容，对保障安全运营和提高企业经济效益具有十分重要的意义。

4.SVG 在港口设备中的应用

港口桥吊、工厂吊车等属于冲击性负荷，负荷波动频繁且波动幅度很大，工作周期内消耗大量无功，吊车起升下降的过程中闪变、电压波动非常明显。

SVG 能够快速响应突变的无功需求，动态稳定电压，提高负荷能力，消除闪变波动。

第五节　高压、特高压无功补偿设备应用案例

随着我国高压、特高压和超高压输电线路的建设，TCSC 型串联补偿设备、可控高抗等设备大规模应用，SSSC 型串联补偿设备也于 2018 年在天津示范运行。本节分别列举其典型工程及其效果。

一、TCSC 型串联补偿设备的应用

据不完全统计，在世界各国的输电系统中，目前已投入运行的串联补偿工程约有200 个，其中一半在北美大陆，电容器总容量已超过 90Gvar，输电系统的电压等级从220kV 到 800kV。目前最高电压等级 765kV（巴西伊泰普水电外送项目）。

目前我国串补项目（包括固定串补和可控串补）有：

1. 平果 TCSC

2003 年 6 月，我国第 1 个 TCSC 工程（平果 TCSC）在南方电网天广线上天生桥至平果段处平果侧建成投运，这也是亚洲首个 TCSC 工程。总串联补偿度为 40%，可控补偿与固定补偿装在同一个平台上，固定补偿部分的设计额定功率为 2×350Mvar，占35%，可控补偿部分 2×50Mvar，占 5%。

加装串联补偿后，相当于将天平段线路缩短 40%，TCSC 工程的投产，提高了线路输送能力，可为"西电东送"增加约 300MW 的输电容量，能改善系统的暂态稳定性水平及阻尼功率振荡。

2. 甘肃碧成串联补偿设备

2004 年，中国电科院研制的我国首套国产化可控串联补偿设备——甘肃碧成 220kV 可控串联补偿设备顺利投入运行。

3. 越南老街串联补偿工程

2006 年，中国电科院在国际议标中战胜 ABB、Nokian 等跨国公司中标越南老街串联补偿工程，这是国产串联补偿设备首次跨出国门。

4. 伊冯串联补偿设备

2007 年，世界上可控补偿容量最大、运行环境最复杂、设计难度最大的国产化超高压可控串联补偿设备——伊冯 500kV 可控串联补偿设备顺利投入运行。

伊冯 500kV 可控串联补偿工程使伊冯双回 378km 线路的极限供电能力得到了大幅度提高（每回线加装两套串联补偿设备，分别为 30%固定部分＋15%可控部分），其极限输送能力由 1460MW 提高到 2500MW，相当于增加了 1 回 500kV 线路的输送能力。

伊冯 500kV 可控串联补偿工程使东北电网有限公司少建一条约 380km 的 500kV 线路，节省基建投资约 3 亿元人民币。按照本装置年平均运行时间为 5500h，电网输电利润为 0.08 元/kWh 计算，年度新增产值 4 亿多元。同时，该工程减少了输电走廊面积 1500hm²，减少了大兴安岭原始森林砍伐约 750hm²，有效保护了我国大兴安岭原始生态资源。

5. 三堡东三串联补偿设备

2008 年，中国电科院承担的三堡东三Ⅰ、Ⅱ线 500kV 进口串联补偿设备控制保护系统自主创新改造获得成功。三堡东三串联补偿设备安装在从山西阳城电厂到江苏三堡变的 500kV 输变电系统中，位于东明开关站到三堡变电所的第三回 500kV（线路长约 267km），同时本线路的三堡变电所侧装设 1 组容量为 529Mvar、补偿度为 41.4%的串联补偿设备。加装此组串联补偿设备及输电线路后将提高系统稳定水平和系统输电容量。

6. 阳城串联补偿设备

山西阳城电厂送出工程装机容量 2100MW，送电距离 700km，远景装机容量 3300MW，阳城串联补偿设备串联补偿度为 40%（远景提高到 70%），安置在三堡开关站。容量为 2×500Mvar；MOV 安装容量为 59MJ（计算容量 26MJ，推荐容量 37MJ）。

7. 大房双回线串联补偿设备

华北电网大房双回 500kV 线路输电距离 290km，目前输电能力为双回线 1800MW，采用串联补偿度为 35%，使大房双回线输电能力提高 40 多万 kW。串补安置在线路中间，电容器容量为 2×375Mvar，电容器 4 串 20 并；MOV 安装容量 40MJ。

8. 川渝串联补偿设备

川渝电网与华中主干电网联网工程现有 2 回 500kV 线路，该双汇线路西起万县

500kV 变电站约 130km 处，串补站址位于重庆市万州区奉节县。电容器容量为 2×600Mvar，串联补偿度为 35％。

二、可控并联电抗器的应用

1. 忻都 500kV 可控高抗工程。

忻都 500kV 可控高抗工程为世界首套 500kV 分级投切变压器型可控高抗装置。装置安装在我国山西省忻州市 500kV 开关站内，装置兼具母线可控电抗器和线路可控电抗器功能。忻都 500kV 可控高抗容量为 3×50Mvar，容量调节范围为 25％、50％、75％、100％，响应时间从小容量调节为大容量时间不超过 30ms，从大容量调节为小容量不超过 100ms。

忻都站安装的可控电抗器，与固定电抗器相比，有较好的降网损作用，2006 年、2008 年最大可减少网损分别为 2MW 和 2.4MW。另外，可控高抗装置电抗值和容量可以快速调节，对系统电压有一定的调节能力，提高线路输送能力；紧急情况下可以实现强补以抑制工频过电压；作为线路用可控高抗装置，配合中性点电抗器还可以起到抑制潜供电流、降低恢复电压等作用，保证线路重合闸成功率。

2. 江陵 500kV 可控高抗工程

江陵可控高抗工程于 2007 年 9 月投运，是国际上首次将磁控式可控电抗器应用到 500kV 输电线路侧。装置安装在我国湖北荆州 500kV 换流变电站三峡右一交流出线处，其容量为 100Mvar。

变电站安装的可控电抗器，与固定电抗器相比，有较好的降网损作用，2007 年、2008 年最大可减少网损分别为 7.2MW 和 2.9MW。另外，磁控式可控高抗装置电抗值和容量可以连续快速调节，对系统电压有一定的调节能力，提高线路输送能力；紧急情况下可以实现强补以抑制工频过电压；作为线路用可控高抗装置，配合中性点电抗器还可以起到抑制潜供电流、降低恢复电压等作用，保证线路重合闸成功率。

三、SSSC 串联补偿设备示范工程

1. 基本情况介绍

天津武清石各庄 220kV 变电站加装的静止同步串联补偿器示范工程位于天津石各庄 220kV 变电站内。

石各庄 220kV 变电站为系统枢纽变电站，最终规模主变容量为 4×180MVA，电压等级 220kV/110kV/35kV；220kV 侧为双母线双分段接线，进出线 8 回。当前主变容量 2×180MVA，220kV 为双母线运行，进出线 6 回，分别是屈石一线、屈石二线、石孟线、石牵线、石铁线、石武线，其中石孟线 2215 间隔在乙母线运行。2015 年天津电网最大负荷时刻石各庄站两台变最大负载率分别为 61.52％、61.22％。2018 年高场站投运，原石孟线、石武线改成石高双线，两回线由于走向不同，石孟线的石高部分长度为 20.7km，石武线的石高部分长度约为 33km，导致正常运行时双回线潮流相差约 40％，制约了石高双线的整体输送能力。工程在石各庄 220kV 变电站站前将同塔双回线（石孟线和石铁线）一侧的石孟线打断，通过串联变压器串接一套静止同步串联补偿

器到到石孟线路，以均衡石高双线潮流，提高整体输送能力。

静止同步串联补偿器设计容量 20MVA，电压等级 220kV，采用串联方式接入 220kV 系统，220kV 侧设置网侧断路器、隔离开关，20kV 阀侧设置阀侧断路器、隔离小车、H 桥串联阀、连接电抗器、旁路晶闸管、限流电抗器、旁路断路器等，两侧均装设交流电压、交流电流测量装置等设备。其中，串联变压器额定容量 25MVA，线电压比：8.3kV（220kV 侧）/15.1kV（20kV 侧），联结组别：III/iii，采用油浸式、自冷、三相、双绕组串联型变压器，主变与散热器共体式布置。H 桥串联阀成套装置额定相电压 8.8kV，额定电流 760A，额定容量 20MVA，采用水冷冷却方式。旁路晶闸管相电压 8.8kV、31.5kA（100ms），自然冷却方式。

本工程采用全户外布置形式，串联变压器、220kV GIS 设备、电抗器等均布置在户外。考虑串联电抗器散热量大，为保证其通风散热，将其布置在户外，电抗器采用"品"字形布置。20kV 开关设备，H 桥串联阀以及二次设备布置于 3 个预制舱内。

2. 运行效果

SSSC 的投入运行，实现了输电线路及输电断面功率均衡、限流等灵活调节功能，解决了高场—石各庄双线潮流分布不均、电力输送能力受限的问题，增加了南蔡—北郊供电分区内 10% 的供电能力，大幅提高了系统安全稳定裕度。与现有潮流控制装置相比，此次投运的自励型 SSSC 装置的造价和工程占地面积节省了 67%，损耗降低了 50%，具有良好的经济性和可推广性。

参　考　文　献

［1］　姜齐荣．电力系统并联补偿：结构、原理、控制与应用 ［M］. 北京：机械工业出版社，2004.

［2］　姜齐荣，谢小荣，陈建业．电力系统并联补偿 ［M］. 北京：机械工业出版社，2004.

［3］　肖峤姗．应用 UPFC 抑制电力系统功率振荡的控制器优化设计 ［D］. 成都：西南交通大学，2016.

［4］　石伟．对 FACTS 元件-静止同步并联补偿器（STATCOM）控制算法的研究 ［D］. 天津：河北工业大学，2007.

［5］　汤广福．电力系统电力电子及其试验技术 ［M］. 北京：中国电力出版社，2015.

［6］　葛廷友，冷芳，吕霞，等．基于 IGBT 的一种新型柔性交流输电系统静止同步补偿装置 ［J］. 农业科技与装备，2010（4）：52 - 54.

［7］　钟庆，吴捷，徐政．自抗扰控制器在并联型有源滤波器中的应用 ［J］. 电力系统自动化，2002，26（16）：22 - 25.

［8］　魏伟，许胜辉，魏岚婕．一种并联有源电力滤波器变结构控制策略 ［J］. 高压电器，2008，44（4）：298 - 300.

［9］　王大志．电力系统无功补偿原理与应用 ［M］. 北京：电子工业出版社，2013.

［10］　黄益庄，张传利．并联补偿电容器组的故障分析及保护配置 ［J］. 中国电力，1998（6）：21 - 23.

［11］　马乃兵．变电站并联补偿电容器组的配置 ［J］. 电力电容器与无功补偿，1999（2）：11 - 14.

［12］　熊筠华．地区电网变电站并联补偿电容器分组研究 ［D］. 成都：四川大学，2005.

［13］　王合贞．高压并联电容器无功补偿实用技术 ［M］. 北京：中国电力出版社，2006.

［14］　陆富年．并联电容补偿 ［M］. 昆明：云南人民出版社，1981.

［15］　卢强．输电系统最优控制 ［M］. 北京：科学出版社，1982.

［16］　Wang，H. F. Multi - agent co - ordination for the secondary voltage control in power - system contingencies ［J］. IEE Proceedings - Generation，Transmission and Distribution，2001，148（1）：61 - 66.

［17］　El - Saady G. Adaptive static VAR controller for simultaneous elimination of voltage flickers and phase current imbalances due to arc furnaces loads ［J］. Electric Power Systems Research，2001，58（3）：133 - 140.

［18］　唐寅生，曲振军．基于 MCR 的 SVC 及其广阔前景 ［J］. 电力电容器与无功补偿，2003（1）：1 - 5.

［19］　Shi Huan，Sun Meng，Li Wenjie. Research of reactive power and voltage integrated control in substation based on new type SVC ［C］//IEEE. Power Engineering and Automation Conference（PEAM）. 2012.

［20］　郭春林，童陆园．多机系统中可控串补（TCSC）抑制功率振荡的研究 ［J］. 中国电机工程学报，2004（6）：1 - 6.

［21］　周德贵．发电机组作调相机运行的分析与实践 ［J］. 四川电力技术，2001，24（3）：1 - 6.

［22］　张宁宇，刘建坤，周前，等．同步调相机对直流逆变站运行特性的影响分析 ［J］. 电力工程技术，2016，35（3）：17 - 20.

[23]　阮羚，王庆，凌在汛，等．新型大容量调相机性能特点及工程应用 [J]．中国电力，2017，
　　　50（12）：57-61．

[24]　王雅婷，张一驰，周勤勇，等．新一代大容量调相机在电网中的应用研究 [J]．电网技术，
　　　2017（1）：28-34．

[25]　靳龙章．电网无功补偿实用技术 [M]．北京：中国水利水电出版社，1997．

[26]　罗安．电网谐波治理和无功补偿技术及装备 [M]．北京：中国电力出版社，2006．

[27]　米勒，胡国根．电力系统无功功率控制 [M]．北京：水利电力出版社，1990．

[28]　熊虎，向铁元，詹昕．特高压交流输电系统无功与电压的最优控制策略 [J]．电网技术，
　　　2012，36（3）：34-39．

[29]　葛廷友，冷芳，吕霞，等．基于 IGBT 的一种新型柔性交流输电系统静止同步补偿装置 [J]．
　　　农业科技与装备，2010（4）：52-54．

[30]　尹建华，江道灼．可控串补的非线性控制对电力系统稳定性的影响研究 [J]．电工技术学报，
　　　1999，14（3）：70-74+79．

[31]　李东．浅谈低压无功补偿装置在配电网中的应用 [J]．中国科技信息，2010（17）：27-28．

[32]　郭剑波，武守远，李国富，等．甘肃成碧 220kV 可控串补国产化示范工程研究 [J]．电网技
　　　术，2005（19）：42-47．

[33]　田翠华，陈柏超．磁控电抗器在 750kV 系统中的应用 [J]．电工技术学报，2005，20（1）：
　　　31-37．

[34]　刘文华，梁旭，姜齐荣，等．采用 GTO 逆变器的±20 Mvar STATCOM [J]．电力系统自动
　　　化，2000，24（23）：19-23．

[35]　Kondo Y，Fujita H，Akagi H. A 6.6-kV Transformerless STATCOM Based on a Five-Level
　　　Diode-Clamped Converter：Experiment by the Three-Phase Laboratory Model Rated at 200V
　　　and 10kVA [J]．IEEJ Transactions on Industry Applications，2007，127（2）：60-68．

[36]　许维东，王辉，阳月令．静止同步串联补偿器 [J]．电工技术，2001（2）：40-41．

[37]　赵洋．静止同步串联补偿器控制策略及抑制次同步谐振的研究 [D]．北京：华北电力大
　　　学，2009．

[38]　刘隽，李兴源，姚大伟，等．静止同步串联补偿器与静止无功补偿器的相互作用分析与协调
　　　控制 [J]．电网技术，2008，32（1）：20-25．

[39]　周沛洪，阿慧雯，戴敏．可控高抗在 1000kV 交流紧凑型输电线路中的应用 [J]．高电压技
　　　术，2011，37（8）：1832-1842．

[40]　姚尧，陈柏超，田翠华．超高压可控电抗器抑制内过电压及潜供电流 [J]．吉林大学学报
　　　（工学版）2008，38（S1）：201-208．

[41]　左强．国家标准《静止无功补偿装置（SVC）》简介和释义 [J]．中国标准导报，2008（8）：
　　　5-8．

[42]　潘艳．高压静止无功补偿装置（SVC）系列标准介绍 [J]．电力设备，2006（11）：50-52．

[43]　高东学．电网无功补偿实用新技术 [M]．北京：中国水利水电出版社，2014．